Ps
Photoshop

Lr
Lightroom

A
Camera Raw

3合1
（上册）

数码摄影后期

Photoshop 轻松学

卡塔摄影学院·编著

电子工业出版社
Publishing House of Electronics Industry
北京·BEIJING

内容简介

本书从摄影的角度介绍Photoshop软件的各种工具及应用。首先从准备工作开始讲起，在介绍摄影后期的重要性及学习Photoshop的必要性之后，介绍了Photoshop软件的安装、配置及界面设置等基础知识；之后逐步对照片格式、Photoshop工具、图层/选区/蒙版/通道等后期处理的核心功能、影调优化、调色等知识进行了详细讲解。

本书内容丰富，注重原理分析，借助实战案例来帮助读者巩固学习成果，带给读者完美的学习体验。

本书适合后期处理初学者阅读与学习，有一定经验的摄影师也可以借助此书建立自己的后期知识体系，本书还可以作为培训班或者高校相关专业的摄影后期教材。

未经许可，不得以任何方式复制或抄袭本书之部分或全部内容。

版权所有，侵权必究。

图书在版编目（CIP）数据

Photoshop/Lightroom/Camera Raw数码摄影后期3合1. 上册, Photoshop轻松学 / 卡塔摄影学院编著. —北京：电子工业出版社, 2019.5

ISBN 978-7-121-36369-6

Ⅰ. ①P… Ⅱ. ①卡… Ⅲ. ①图象处理软件 Ⅳ.①TP391.413

中国版本图书馆CIP数据核字（2019）第072964号

责任编辑：赵含嫣　特约编辑：刘红涛

印　　刷：中国电影出版社印刷厂

装　　订：中国电影出版社印刷厂

出版发行：电子工业出版社

　　　　　北京市海淀区万寿路173信箱　　　邮编：100036

开　　本：787×1092　1/16　　印张：21.25　字数：695千字

版　　次：2019年5月第1版

印　　次：2019年5月第1次印刷

定　　价：128.00元（全3册）

熟悉摄影后期的摄影师可能早已发现，近几年摄影技术不断革新，相机性能得到了长足的进步。摄影师可以借助相机拍摄出一些前几年不可想象的画面，比如用佳能或尼康全画幅机型在高感光度下可以直接拍摄静态星空，并且能够保证获得理想的画质；大多数专业相机用于直接拍摄某种极端光线的场景时，很少再出现高光或暗部溢出的问题；"自拍定时+后期堆栈"这种方式在很多场景里可以替代长时间曝光的拍摄方式……类似的例子还有很多，这里不一一列举。

随着社会经济的不断发展，摄影师可以在理想的天气条件下，在夜深人静的时候驱车赶往拍摄地点捕捉精彩的影像，这就使得许多美轮美奂的风光作品如雨后春笋般纷纷出现。

在上述两个方面的推动下，当前的摄影已经发生了天翻地覆的变化：曝光、对焦等前期拍摄技术变得越来越边缘化，只有审美观感的培养依然重要；后期处理技术变得越来越重要；无人机航拍逐渐成为热点。

当前的摄影后期处理软件非常多，但Photoshop是所有其他后期处理软件的万法之源，即掌握了Photoshop以后，在面对其他软件时就能够做到游刃有余，拿来即用。学习过Photoshop以后，后续再利用其他后期处理软件修片，就会发现一切都非常简单，即使是当前比较流行的手机修片软件，某些功能的设置也是借鉴甚至脱胎于Photoshop的，只要掌握了Photoshop，再利用这些软件来进行修图，就会觉得非常容易。

本册图书从摄影的角度介绍了Photoshop软件的各种工具及应用。首先从准备工作开始讲起，在介绍摄影后期的重要性及学习Photoshop的必要性之后，介绍了Photoshop软件的安装、配置及界面设置等基础知识；之后逐步对照片格式、Photoshop工具、图层/选区/蒙版/通道等后期处理的核心功能、影调优化、调色等知识进行了详细讲解。

本书注重原理的分析，并辅以精彩案例方便读者自行练习，也只有这样学习，才能让读者真正学通和掌握后期处理技术。过于注重步骤操作和参数设置是无法让人理解后期处理的精髓的。相信在学习完本书内容之后，读者就能够掌握利用Photoshop修片的全方位知识和处理技巧，并能做到举一反三。

本书配有多媒体视频教程，以及所有案例的原始素材照片，有助于读者的学习和实践，以带给广大读者全新的学习体验。本书还附赠进阶电子阅读章节"二次构图的艺术""抠图与合成"，有需求的读者请按照"读者服务"中的方法进行下载。

由于笔者水平有限，书中难免存在疏漏和不妥之处，敬请广大读者和同行批评指正。

读者在学习本书的过程中如果遇到疑难问题，可以加入本书编者及读者交流、在线答疑群"千知摄影"，群号242489291。

读者服务

读者在阅读本书的过程中如果遇到问题，可以关注"有艺"公众号，通过公众号与我们取得联系。此外，通过关注"有艺"公众号，您还可以获取更多的新书资讯、书单推荐、优惠活动等相关信息。

资源下载方法：关注"有艺"公众号，在"有艺学堂"的"资源下载"中获取下载链接，如果遇到无法下载的情况，可以通过以下三种方式与我们取得联系：

1. 关注"有艺"公众号，通过"读者反馈"功能提交相关信息；

2. 请发邮件至art@phei.com.cn，邮件标题命名方式：资源下载+书名；

3. 读者服务热线：（010）88254161~88254167转1897。

投稿、团购合作：请发邮件至art@phei.com.cn。

扫一扫关注"有艺"

目录 CONTENTS

目录 CONTENTS

目录 CONTENTS

第1章
准备工作

　　学不会摄影后期处理，原因是多方面的，但对绝大多数人来说，学习的困难主要在于没有掌握正确的学习方法。本章将介绍摄影后期处理的一些重要意义，以及后期处理软件的安装与配置，最后重点介绍如何学好摄影后期处理，学好 Photoshop。相信学完本章内容，广大读者就能够找到或者解决自己学不会 Photoshop 的问题。

1.1 摄影后期处理的意义

首先来看摄影后期处理的一些重要意义。随着摄影的不断发展，在当前摄影领域，摄影后期处理的重要性不言而喻，下面将从 3 个方面来分析摄影后期处理的一些重要意义。

还原

摄影后期处理的第一个重要作用在于还原，无论我们看到多么漂亮的场景，使用相机直接拍摄几乎都很难准确地还原出人眼所看到的美景。如图 1-1 所示的照片，为了控制画面的反差，避免高光溢出，相机总是会降低一定的曝光值来进行拍摄，此时的画面显得通透度不高，看起来灰蒙蒙的，这与人眼看到的美景差距很大。在后期处理软件中对拍摄的照片进行调整、还原，可以将照片还原到人眼所看到的美景。经过后期处理，可以看到天空的亮度与地面的暗部都显示出了很好的层次与细节，画面漂亮了很多，如图 1-2 所示。

实际上，后期处理只有一个目的，那就是还原，还原出人眼看到而相机拍不出的美景。

图 1-1

图 1-2

下面再看一个案例。即便是反差不是很高的场景，相机为了记录下足够丰富的细节，往往会进一步降低反差，这样就会让画面的通透度显得不高，有时候会有灰蒙蒙的感觉，如图 1-3 所示。在后期处理软件中对画面适当地进行一定的修饰，适当地提高反差、强化锐度，就会让画面通透起来，色彩感也更强烈一些，这样才能够让观者真正看到拍摄当时摄影师眼前的美景，如图 1-4 所示。从这个角度来看，无论是什么样的场景，相机几乎很难还原出人眼看到的美景，此时就需要利用后期软件来帮助实现眼前场景的还原。

图 1-3

图 1-4

美化

　　摄影后期处理的第二个重要作用在于美化。例如，在如图 1-5 所示的照片中，人物肤色非常暗，但是周边的场景又非常亮，如果直接拍摄，肯定无法实现拍摄目的，因为摄影师的目的是要压暗周边的景物，突出人物主体，但真实的场景无法实现这种目的。在后期处理软件中，压暗四周景物，提亮人物，最终可以让画面中的人物显得非常突出，这就实现了美化，画面的形式也变得比较好看，如图 1-6 所示。从这个意义上来说，摄影后期处理的第二个重要作用就是美化我们所看到的画面，让画面更加符合我们的创作目的和预期。

图 1-5

图 1-6

　　再来看如图 1-7 所示的照片，拍摄的时间是午后稍晚一点，太阳还未西下，此时的天空是一种灰白色。在后期调整时，为了美化画面，光将天空部分选择了出来，渲染上一定的暖色调，最终制作出了一种霞光满天的画面效果，如图 1-8 所示。从这个角度看，对这张照片的后期处理就是美化。

图 1-7

图 1-8

再来看如图 1-9 所示的照片。在正常情况下，花朵与周边的荷叶受光条件是一样的，因此四周的荷叶因为反光就会显得比较散乱，它干扰到了荷叶的表现力。在进行后期处理时，有意降低了四周荷叶的饱和度，并通过制作暗角，压暗了四周荷叶的亮度。这种压暗对荷花起到了突出和强化的作用，如图 1-10 所示。这种压暗及强化从本质上说就是一种后期美化的过程。

图 1-9

图 1-10

创意

摄影后期处理的第三个重要作用就是能有更好的创意。摄影后期处理的创意有很多种类，这里主要介绍两种，一种是照片的合成，另外一种是照片风格的打造。在如图 1-11 所示的画面中，可以看到色达佛学院的场景虽然非常壮观，但是天空没有很好的云层修饰，所以找到了一张天空云层还算比较理想的素材照片，如图 1-12 所示。本例对这两张照片进行合成，取色达佛学院的地景，取素材照片的天空，合成之后再对画面进行一定的色彩及影调修饰，最终得到了比较理想的效果，如图 1-13 所示。这便是最简单的一种创意。

图 1-11

图 1-12

图 1-13

如图 1-14 所示是多年以前我在内蒙古东乌旗的草原上拍摄的一张照片。当时因为要赶路，比较匆忙，在拍摄时，草原上的两匹牧马警觉地盯着我们，我就在这时按下了快门。观察原始照片，可以看到画面的色彩影调都没有什么太好的表现力，唯一值得称道的是主体的动作、神态等还算比较理想，因此在后期处理时就有意地进行了色彩的渲染，最终画面有了一种复古的色彩风格，给人一种遥远的、复古的、怀旧的感觉。在后期处理中，还为画面添加了一定的杂色，让画面产生了一种胶片的质感，如图 1-15 所示。对这张照片的后期处理完全体现了一种创意的力量。在摄影后期处理中，创意是无限的，只要有想法、有思路，就能够创作出与众不同的摄影作品，当然，在进行这种创意制作时，还要注意一定的审美。

图 1-14

图 1-15

1.2 Photoshop 软件安装

比较传统的安装 Photoshop 的方式是从网络上下载安装程序，然后解压安装。采用这种方式安装 Photoshop 时，一些对计算机不熟悉的用户，往往会下载绿色免安装版等一些问题版本。如果要长期地发展摄影爱好，使用 Photoshop 进行后期处理，安装一个最新的、完整版的软件是非常有必要的。

这里介绍一种最简单，也是最好用的 Photoshop 安装方式，即使用 Creative Cloud 进行在线安装。

这种安装方式的难点在于 Adobe 账号的注册，注册时对密码设置的要求是很高的，如密码首字母大写、密码中不能存在与生日相同顺序的数字等。用户在设置密码时，一定要注意观察密码设置的要求。

Step 01 在网络上查找 Creative Cloud 下载程序，找到官方的下载链接。然后单击"下载"按钮，开始下载 Creative Cloud 桌面应用程序，如图 1-16 所示。

Step 02 只要之前进行了正确的账号注册，那么就可以顺利地登录并启动 Creative Cloud。在其中的 Apps 选项卡下，可以看到可安装的各种软件。直接单击其后的"试用"或"更新"按钮，就可以将软件安装或升级到最新版本。在安装或升级软件之前，要单击右上角的下三角按钮，在展开的菜单中选择"首选项"菜单命令，如图 1-17 所示。

图 1-17

图 1-16

Step 03 进入"首选项"界面后，在其中切换到 Creative Cloud 选项卡，在其中设置安装程序的语言、安装位置等。如果不进行设置，那么 Photoshop 会被默认安装在 C 盘。通常情况下，应该更改默认位置，如图 1-18 所示，将 Photoshop 安装到计算机中用于安装一般软件的驱动器内。

Step 04 设置好软件语言和安装位置后，回到 Apps 选项卡，在其列表中，找到想要安装的软件。单击其后的"试用"或"更新"按钮，软件就会自动安装，如图 1-19 所示。如果网速足够快，那么整个安装过程很快，大概几分钟后 Photoshop 就会被安装到计算机中。

使用 Creative Cloud 桌面程序安装 Photoshop 有很多好处，它可以自动检测计算机软硬件的位数、配置、性能等信息，以便下载适合的 Photoshop 版本。

图 1-18   图 1-19

1.3   Photoshop 界面设置

作为初学者，必须要认真阅读本节的内容，因为这些内容涉及最初使用 Photoshop 时遇到的一些简单的问题。对 Photoshop 工作界面有一定的了解，并学会一定的操作技能，对后续的学习会有很大帮助。

初学者第一次启动 Photoshop CC 2017，可能会发现与图书、视频教程中见到的软件界面不同，会载入开始界面，而对于进行数码后期处理的用户来说，首先应该配置到"摄影"界面。在 Photoshop 主界面右上角单击下三角按钮，展开下拉菜单，在其中选择"摄影"命令，即可将界面配置为适合进行摄影后期处理的"摄影"界面，如图 1-20 所示。

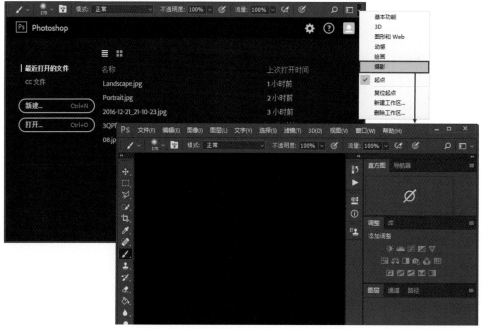

图 1-20

此时，打开一张或多张照片，在工作区中显示照片，而右侧的面板中则可以显示一些照片的具体信息，如"直方图"面板、"图层"面板等都显示了大量信息，这可以方便摄影师对照片进行后期处理，如图1-21所示。

在"摄影"界面中，默认显示"直方图""导航器""库""调整""图层""通道"和"路径"这7个面板，图1-21中处于激活状态并显示出来的是"直方图"和"图层"面板，其他面板处于收起状态。

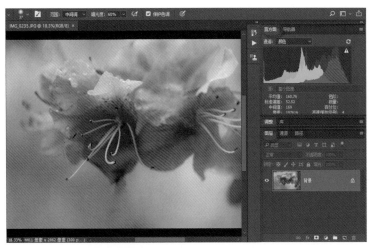

图 1-21

将软件配置为"摄影"界面后，接下来可以进行一些具体的操作和设置。比如，想要将某个面板移动到另外一个位置，只需用鼠标按住该面板的标题不放并拖动，即可移动该面板，如图1-22所示。这样，就可以从折叠在一起的面板中将某个面板单独移走。图1-22中就是将"直方图"面板、"图层"面板移动到了其他位置，使这两个面板处于浮动状态。

图 1-22

注意：从某个面板组中分离出某个面板时，要按住该面板的标题文字进行拖动，如果按住标题旁边的空白处拖动，则会移动整个面板组。

如果要将处于浮动状态的面板复原，也很简单，同样需要按住该面板的标题，拖回到Photoshop主界面右侧的面板组，待出现蓝色的停靠指示后释放鼠标，就可以将浮动面板停靠在面板组中，将多个面板折叠在一起了，如图1-23所示。

对于一般的用户来说，使用"图层"面板的频率远高于该面板组中的其他两个面板，因此可以按住该面板标题向左拖动，拖动到最左侧的位置，这样就可以改变面板的排列次序，如图1-24所示。

图 1-23

图 1-24

对于"图层"面板来说，用户基本上每天都要用到，而"通道"这类面板只是偶尔使用。此外，"库"这类面板几乎从来不会使用，因此可以将其关掉，不显示在主界面中。具体操作时，在"库"面板的标题上单击鼠标右键，在弹出的快捷菜单中选择"关闭"命令，就可以将该面板关掉，如图 1-25 所示。

图 1-25

如果再次打开某些被关掉的面板，或者打开一些新的面板，只要在"窗口"菜单中选择具体的面板名称就可以了。如图 1-26 所示，在"窗口"菜单中选择"图层"命令，可以发现在工作界面右侧打开了"图层"面板。当然，这种方式也可以用于关闭已经打开的面板，再次在菜单中选择"图层"命令，就可以将打开的"图层"面板关闭。

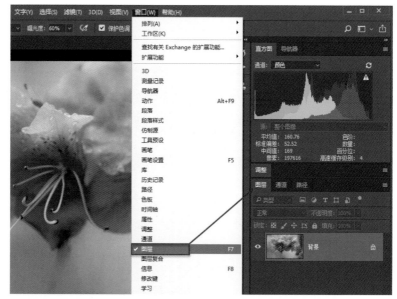

图 1-26

对 Photoshop 不了解的初级用户，使用一段时间后可能会发现一些问题，例如发现自己的软件界面突然发生了变化，找不到某些常用的功能了；或者某些自己常用的面板发生了变化，不再固定在右侧了，变为悬浮状态，非常散乱。此时，只要在主界面右上角单击界面配置按钮，打开下拉菜单，选择"复位摄影"命令即可，如图 1-27 所示。

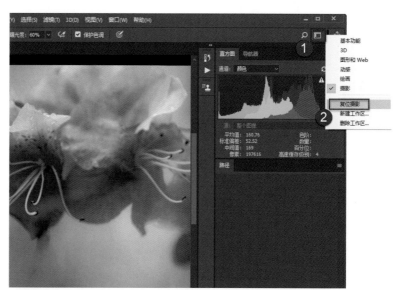

图 1-27

这样操作即可将发生混乱的工作界面恢复为初始状态，如图 1-28 所示。无论怎样设置 Photoshop 的主界面和功能面板，只要掌握了操作和复位的方法，那么一切都不是问题。

从整体上来看，Photoshop 的工作界面是很友好的，赋予了用户非常大的自由度，让用户可以根据自己的工作需求、使用习惯和个人偏好来随意地设置功能面板的开关和展示形态。

图 1-28

1.4 怎样学好 Photoshop

本节是这一章非常重要的一部分，主要介绍怎样学好、学会 Photoshop。希望读者能够反复地阅读和理解本节介绍的知识点，这样有助于在后续的学习中有一个指导思想，可以真正帮助自己掌握好 Photoshop，掌握好摄影后期处理。

记住两大核心原理

学习摄影后期处理的首要任务是记住两大核心原理，即明暗和色彩。对于一张照片来说，最直观的两个因素就是照片明暗与照片色彩，那么在后期处理软件中，要调修的两个最核心的内容也是明暗与色彩。只要掌握了这两大核心原理，就可以说真正实现了摄影后期处理入门，否则即使掌握再多的案例，也只能说是一个彻底的门外汉。

在摄影后期处理中，照片的明暗主要通过直方图来展现，如图 1-29 所示，因此需要掌握直方图的原理及通过它控制照片明暗的一些技巧。

对于调色，在 Photoshop 中无论哪一个调色界面，其中总会有青色与红色、洋红与绿色、黄色与蓝色这几组色彩的组合，如图 1-30 所示。色彩这样组合是有一定规律的，并不需要死记硬背，只要掌握了混色原理，那么这些知识就会变得非常简单，在后续的调色过程当中也可以做到游刃有余，无论遇到哪一种功能，万变不离其宗，都是依托于混色原理来进行设置的。也就是说，第二个核心原理是混色原理。

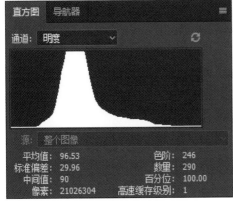

图 1-29

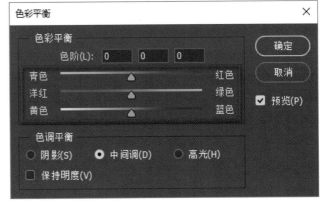

图 1-30

知其然，知其所以然

有人曾经学过很多 Photoshop 后期修片案例或者技巧，但可能已经忘得一干二净了，为什么会这样呢？这是因为没有掌握修片的一些基本原理，或者说只是知其然，而不知其所以然，只知道是这样修片，但是不知道为什么要这样修。打开如图 1-31 所示的照片，对照片进行"阴影 / 高光"的处理。从打开的"阴影 / 高光"对话框中会看到很多参数，如"数量""色调""半径"等，在调整时，如果掌握了这些参数的作用，那么后续的调整就可以做到有的放矢，在遇到其他类似功能时，也可以做到举一反三，甚至不需要老师讲解，就可以很好地对照片进行调整。本书不会刻意讲解参数该设为多少，只会告诉大家这个功能能实现什么效果。读者学习之后，就可以真正掌握这些技术了，在后续的修图过程中，就能够做到举一反三，真正掌握 Photoshop 的应用。

图 1-32

图 1-31

学会使用工具

摄影后期处理，并不是只有一些原理性的知识，也不是掌握了原理就可以一通百通，它同样有一些功能和工具需要记住，反复练习以做到熟练掌握。在 Photoshop 中，工具栏中的所有工具都是非常重要的，与不同的影调与调色功能结合使用共同完成照片的后期处理，如图 1-32 所示。因此在学习时，就应该掌握这些功能的基本用法，以及其选项栏中的一些不同设置对画面带来的影响。

掌握 4 大核心功能

与摄影后期处理的两大核心原理相对，摄影后期处理的 4 大核心功能也需要掌握，分别是图层、通道、选区和蒙版。在如图 1-33 所示的画面中，就展示了这 4 个功能的布局。首先，在"图层"面板中可以看到图层缩览图，图层缩览图的右侧有一个蒙版缩览图，蒙版是针对花朵部分的。

这里借助通道对花朵进行了抠图，将花朵抠取出来之后用选区进行了标记，最后将选区转化为局部的蒙版。后面会专门介绍这 4 大核心功能。掌握了这 4 大功能之后，摄影后期处理就会变得得心应手。

图 1-33

第2章
照片格式详解

本章详细介绍 JPEG、RAW、PSD、TIFF、PNG、GIF 等常见照片格式的特点和不同用法，以及 DNG、XMP 等并不常见的照片格式的相关知识。

2.1 浏览类照片格式

JPEG

JPEG 是摄影师最常用的照片格式，其文件扩展名为 .jpg，如图 2-1 所示。

JPEG 格式的照片在高压缩性能和高显示品质之间找到了平衡，通俗地说，即 JPEG 格式照片可以在占用很小的空间的同时，具备很好的画质。JPEG 还是普及性和用户认知度都非常高的一种照片格式，计算机、手机等设备自带的读图软件都可以畅通无阻地读取和显示这种格式的照片。对于摄影师来说，经常会与这种照片格式打交道。

DJI_0619.jpg

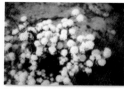
IMG_1986.jpg

图 2-1

在手机、计算机屏幕中观看照片时，较小的存储空间和相对高质量的画质是人们追求的目标，因此，JPEG 格式作为最常用的一种格式，既能满足在屏幕上观看，又可以大幅缩小图片占用的空间，如图 2-2 所示。

从技术的角度来讲，JPEG 可以把文件压缩到很小。在 Photoshop 软件中以 JPEG 格式存储时，提供了 13 个压缩级别，以 0 ~ 12 级表示。其中 0 级压缩比最高，图像品质最差。当以 12 级压缩比压缩 JPEG 格式的文件时，压缩比例就会变小，这样照片所占的磁盘空间会增加。

图 2-2

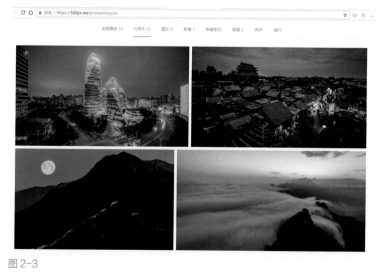

图 2-3

很多时候，压缩等级为 8 ~ 10 时，可以获得存储空间与图像质量兼得的较佳比例，而如果照片有商业或者印刷等需求，一旦保存为 JPEG 格式，那么建议采用较少压缩的 12 级进行存储。

对于大部分摄影爱好者来说，无论最初拍摄选择的是 RAW、TIFF、DNG 格式，还是曾经将照片保存为了 PSD 格式，最终在计算机上浏览、在网络上分享时，通常最终还是要转为 JPEG 格式来呈现，如图 2-3 所示。

GIF

　　GIF 格式可以存储多幅彩色图像，如图 2-4 所示。如果把存于一个文件中的多幅图像数据逐幅读出并显示到屏幕上，就可以构成一种最简单的动画。当然，也可能是一种静态的画面。

　　GIF 格式自 1987 年由 CompuServe 公司引入后，因其体积小、成像相对清晰，特别适合初期慢速的互联网，因此大受欢迎。当前很多网站首页的一些配图就采用了 GIF 格式。将 GIF 格式的图片载入 Photoshop，可以看到它是由多个图层组成的，如图 2-5 所示。

图 2-4

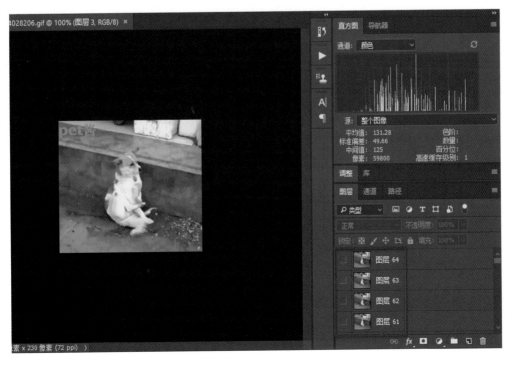

图 2-5

PNG

　　相对来说，PNG（Portable Network Graphics）格式是一种比较新的图像文件格式，其设计目的是试图替代 GIF 和 TIFF 文件格式，同时增加一些 GIF 文件格式所不具备的特性。

　　对于摄影师来说，PNG 格式最大的优点往往在于其能很好地保存并支持透明效果。如图 2-6 所示，抠取出主体景物或文字，删掉"背景"图层。然后将照片保存为 PNG 格式，将该 PNG 格式照片插入 Word 文档、PPT 文档或嵌入网页，会无痕地融入背景，如图 2-7 所示。

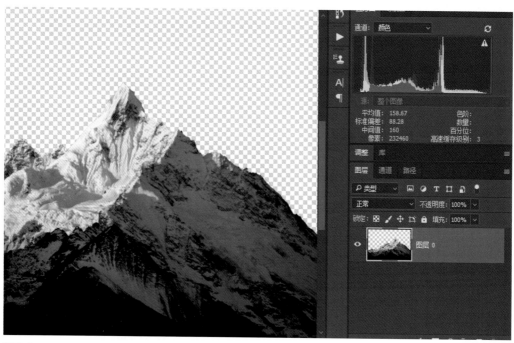

图 2-6

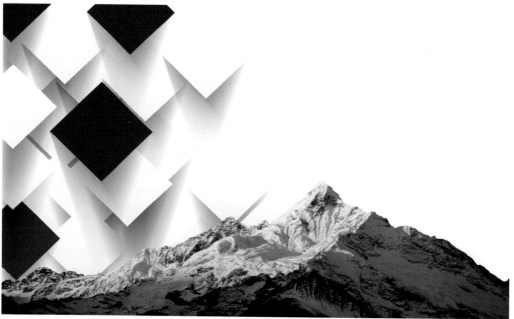

图 2-7

2.2 工程文件

PSD

PSD 是 Photoshop 图像处理软件的专用文件格式，文件扩展名是 .psd，它是一种无压缩的原始文件保存格式，也可以称之为 Photoshop 的工程文件格式（在计算机中双击 PSD 格式的文件，会自动打开 Photoshop 进行读取）。由于可以记录所有之前处理过的原始信息和操作步骤，对于尚未制作完成的图像，选用 PSD 格式保存是最佳的选择。保存以后再

次打开 PSD 格式的文件，之前编辑的图层、滤镜、调整图层等处理信息依然存在，可以继续修改或者编辑，如图 2-8 所示。

正因为保存了文件所有的操作信息，所以 PSD 格式的文件往往非常大，并且通用性很差，只能使用 Photoshop 读取和编辑，使用不便。PSD 格式的文件的图标如图 2-9 所示。

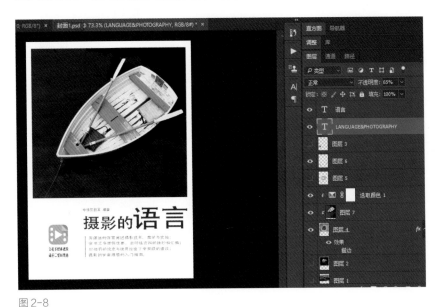

图 2-8

封面1.psd

图 2-9

TIFF

标签图像文件格式（Tag Image File Format，TIFF），是一种灵活的位图文件格式，主要用来存储包括照片和艺术图在内的图像。近年来，TIFF 与 JPEG 和 PNG 一起成为流行的高位彩色图像格式。

从对照片编辑信息保存的完整程度来看，TIFF 与 PSD 格式的文件很像。TIFF 格式的文件是由 Aldus 和 Microsoft 公司为印刷出版开发的一种较为通用的图像文件格式，扩展名为 .tif。TIFF 是现存图像文件格式中非常复杂的一种，可以支持在多种计算机软件中进行图像的编辑。

当前几乎所有专业的照片输出，比如印刷作品集等均采用 TIFF 格式。以 TIFF 格式存储后文件会变得很大，但却可以完整地保存图片信息。从摄影

师的角度来看，TIFF 格式的文件大致有两个用途：要想在确保图片有较高通用性的前提下保留图层信息，可以将照片保存为 TIFF 格式；如果对照片有印刷需求，也可以考虑保存为 TIFF 格式。更多时候，人们使用 TIFF 格式主要是看中其可以保留照片处理的图层信息。

早期版本的 TIFF 格式无法保存蒙版等信息，但新版本的 TIFF 格式已经可以像如图 2-10 所示这样，保存丰富的文字图层、蒙版等信息。从这个角度看，TIFF 格式与 PSD 格式的区别已经越来越小，并且 TIFF 格式有着远优于 PSD 格式的兼容性，在很多设备上都可以读取。如图 2-11 所示为在计算机上使用 Windows 自带看图器打开的 TIFF 格式的照片。

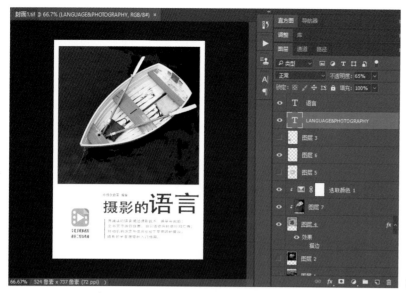

图 2-10

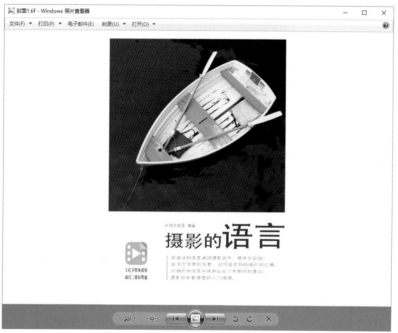

图 2-11

关于 PSD 和 TIFF 格式，还需要知道以下两点：

（1）PSD 是工作用的文件，而 TIFF 格式更像是工作完成后输出的文件。最终完成对 PSD 格式的文件的处理后，可以将文件输出为 TIFF 格式的文件，确保在保存大量图层及编辑操作的前提下，能够有较强的通用性。例如，假设对某张照片的处理没有完成，但必须要出门了，则将照片保存为 PSD 格式，回家后可以重新打开保存的 PSD 格式的文件，继续进行后期处理；如果出门时将照片保存为了 TIFF 格式，肯定会产生一定的信息压缩，再返回后就无法进行延续性很好的处理了。如果对照片的处理已经完成，又要保留图层信息，那么保存为 TIFF 格式则是更好的选择，如果保存为 PSD 格式，则后续的处理会处处受限。

（2）这两种格式都能保存图层信息，但 TIFF 格式仅能保存一些位图格式的信息，是无法保存矢量线条等信息的，PSD 却可以毫无遗漏地保存下所有图层和编辑操作信息。当前最新的 TIFF 格式，存储时如果不进行任何压缩，已经能够保存矢量图、蒙版等信息，所以整体看起来，TIFF 与 PSD 格式几乎已经没有区别。

2.3 记录类文件(.xmp)

如果在 Photoshop 中利用 Adobe Camera Raw（ACR）对 RAW 格式的文件进行过处理，就会在文件夹中出现一个同名的文件，文件扩展名是 .xmp，但该文件无法被打开，是不能被识别的文件格式，如图 2-12 所示。

_DSC4007.JPG

_DSC4007.NEF

_DSC4007.xmp

图 2-12

其实，XMP 是一种操作记录文件，记录了用户对 RAW 格式的原片进行的各种修改操作和参数设置，是一种经过加密的文件格式。在 ACR 中打开经过调整的 RAW 格式的照片，可以看到处理后的效果，如图 2-13 所示。正常情况下，该文件非常小，几乎可以忽略不计。但如果删除该文件，那么对 RAW 格式的照片所进行的处理和操作就会消失，如图 2-14 所示。

图 2-13

图 2-14

2.4 原始文件

RAW

从摄影的角度来看，RAW格式与JPEG格式是绝佳搭配。RAW格式是数码单反相机的专用格式，是相机的感光元件CMOS或CCD图像感应器将捕捉到的光源信号转化为数字信号的原始数据。RAW格式的文件记录了数码相机传感器的原始信息，同时记录了由相机拍摄所产生的一些源数据（如ISO设置、快门速度、光圈值、白平衡等），RAW格式是未经处理也未经压缩的格式，可以把RAW概念化为"原始图像编码数据"，或更形象地称之为"数字底片"。不同的相机有不同的对应格式，如.nff、.cr2等。

因为RAW格式保留了摄影师创作时的所有原始数据，没有因经过优化或者压缩而产生细节损失，所以特别适合作为后期处理的底稿使用。

使用相机拍摄的RAW格式的文件用于进行后期处理后，会最终转为JPEG格式的照片用于在计算机上查看和网络上分享。所以说，这两种格式是绝配。

以前，计算机自带的看图软件往往是无法读取RAW格式的文件的，并且许多读图软件也无法读取（当然，现在已经几乎不存在这个问题了）。从这个角度来看，RAW格式的日常使用是多么不方便。在Photoshop软件中，RAW格式的文件需要借助特定的增效工具Camera Raw来进行读取和后期处理。具体使用时，先将RAW格式的照片拖入Photoshop，会自动在Photoshop内置的Camera Raw插件中打开，如图2-15所示。

> **≫ 提示**
>
> 使用单反相机拍摄的RAW格式的文件是加密的，有自己独特的算法。这样在相机厂商推出新机型的一段时间内，作为第三方的Adobe公司（开发Photoshop与Lightroom等软件的公司）尚未破解新机型的RAW格式的文件，是无法使用Photoshop读取的。只有在一段时间之后，Adobe公司破解该新机型的RAW格式的文件后，才能使用旗下的Photoshop软件进行处理。

图2-15

DNG

　　了解了 RAW 格式以后，就很容易弄明白 DNG 格式了。DNG 文件也是一种 RAW 格式的文件，是 Adobe 公司开发的一种开源的 RAW 格式文件，如图 2-16 所示。Adobe 公司开发 DNG 格式的初衷是希望破除日系相机厂商在 RAW 格式文件方面的技术壁垒，能够实现一种统一的 RAW 格式文件标准，不再有细分的 CR2、NEF 等。虽然有哈苏、莱卡及理光等厂商的支持，但佳能及尼康等大众化的厂家并不买账，所以 DNG 格式并没有实现其开发的初衷。

　　当前，在 Photoshop 中接触 DNG 格式的机会很少，但事实上，在 Photoshop 及 Lightroom 等 Adobe 软件中处理 RAW 格式的文件时，软件会在内部默认将 RAW 格式的文件转为 DNG 格式进行处理（在 Lightroom 中进行处理时，还可以不必产生额外的 XMP 记录文件，所以在使用 Lightroom 进行原始文件照片处理后，是看不到 XMP 文件的）。当前，DNG 格式的缺陷还是比较明显的，兼容性是一个大问题，且主要是 Adobe 旗下的软件支持这种格式，其他的一些后期处理软件可能并不支持。

　　在 Photoshop 内部的很多设置当中，还是能够看到 DNG 格式方面的配置选项的，如图 2-17 所示。选中"忽略附属'.xmp'文件"复选框，在 Photoshop 中打开处理过的 RAW 格式文件时，处理效果就会失去作用。

_DSC4004.NEF

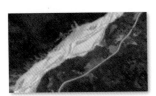
DJI_0272.DNG

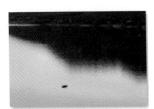
IMG_6091.CR2

图 2-16

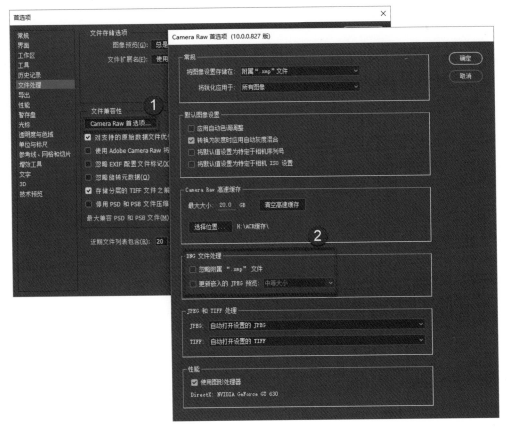

图 2-17

2.5 照片尺寸、分辨率与用途

照片可以冲洗多大尺寸

对照片进行后期处理之后，用户就可以考虑照片的具体用途了。例如，可以将照片上传到网络上，与大家分享；也可以冲洗或者打印照片。但这时就会涉及像素、照片尺寸和分辨率了。

数码摄影新手常犯的一个错误，就是往往搞不清像素数、照片尺寸和分辨率这几个概念的区别和联系。这里以一款 2400 万像素的数码单反相机为例进行介绍，该相机拍摄的照片像素为 2400 万，表达的是图像的数据量，用图像尺寸来表示，为 6000 像素 ×4000 像素，两者相乘的结果为 2400 万。许多初学者将 6000 像素 ×4000 像素称为分辨率是不对的，这是照片尺寸（用于描述计算机显示器的分辨率与此不同，两者不能混淆）。

而分辨率是指每英寸能够打印的像素点数，即打印精度，用 DPI（Dots Per Inch）来表示。在打印或冲洗照片时，分辨率是照片打印尺寸的决定性因素。将照片尺寸除以分辨率，即可得出所能打印照片的尺寸（单位是英寸）。

举例来说，一张照片的尺寸是 6000 像素 ×4000 像素、分辨率为 300DPI，那么该照片能够打印出的高清晰度照片尺寸为 20 寸，即 20 英寸 ×13.3 英寸，也就是 50.8 厘米 ×33.9 厘米（1 英寸 =2.54 厘米）。当然，如果冲洗为更小的尺寸，也是没有问题的。

照片打印机或冲印机的最佳输出分辨率是 300DPI。如果降低输出为 150DPI（例如使用大幅面喷绘打印），那么虽然可以输出更大尺寸的图片，但图像精度也会降低，贴近观察可以明显地看出粗糙感，只适合远距离观看。

> **≫ 提示**
>
> （1）打印输出常用的分辨率是300DPI，属于高精度范畴，可以满足摄影作品近距离欣赏的需要。
> （2）艺术作品印刷需要的精度更高，一般设为350DPI的分辨率，效果会比较好。

网络上传或分享

通常情况下，网络上发布的摄影师们的作品都不是原片的效果，由于网络流量限制和欣赏者访问速度的要求，需要发布者上传的照片要小于拍摄时的尺寸。通常情况下，一般拍摄的数码照片要达到 1000 万以上，即长边尺寸最低也要超过 4000 像素。而当前，主流数码单反相机的像素大多高达 2000 万以上，照片尺寸可达到 6000 像素 ×4000 像素。这样如果直接发布到网上，欣赏者在浏览照片时就非常困难，可能看一幅照片要缓冲较长时间。所以通常情况下要对这些照片进行压缩，之后再上传到网上。一般情况下，压缩后的照片尺寸多为 800 像素 ×600 像素或 1000 像素 ×667 像素，总像素也就是几百字节。

在 Photoshop 中，可以使用"图像大小"调整功能来放大或缩小照片的实际尺寸。

第3章
工具

在数码摄影作品的后期处理中，绝大多数功能并不是单独使用的，需要借助一些工具进行辅助，才能完成照片的后期处理。本章将介绍 Photoshop 的工具栏中各种重要工具的使用方法。

3.1 工具栏视图与设置

打开 Photoshop，在界面的左侧可以看到工具栏，其中分布着大量工具，如图 3-1 所示，很多工具图标是折叠起来的，展开之后会有更多工具。

如果觉得工具栏太长，缩小窗口时无法全部显示，那么可以单击工具栏上方的折叠按钮，将工具栏改为双栏显示，这样更容易看到所有的工具，如图 3-2 所示。

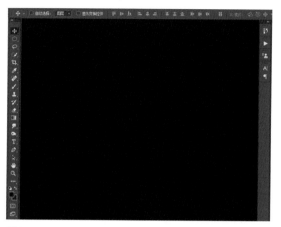

图 3-1

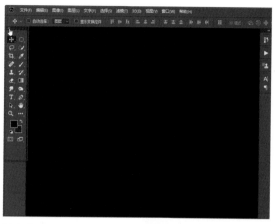

图 3-2

除正常显示的工具之外，还有很多工具是折叠在一起的，在工具栏底部长按"编辑工具栏"图标，可以展开许多收起的工具，如图 3-3 所示。当然这些工具的使用频率并不算特别高，所以被折叠了起来。

在折叠菜单内，选择"编辑工具栏"菜单命令，可以打开"自定义工具栏"对话框，如图 3-4 所示。在该对话框中，左侧的"工具栏"列表框中显示的是一些常用的工具，一组工具在主界面的工具栏中只显示第一个工具的图标，其他工具被折叠起来。

对话框右侧是一些附加工具，这些工具的使用频率并不算很高，所以被隐藏了起来。如果需要经常使用一些其他的工具，那么可以按住鼠标左键向左侧拖动这些工具，将其拖动到"工具栏"列表框中，这样，在主界面的工具栏中就可以看到放入的工具。如图 3-4 所示，将"红眼工具"向左拖动到"污点修复画笔工具"组中，那么在主界面的工具栏中展开"污点修复画笔工具"这一工具组，就可以在底部看到"红眼工具"。

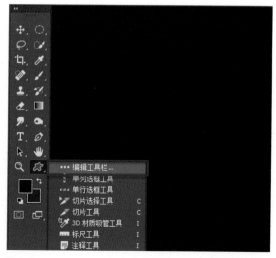

图 3-3

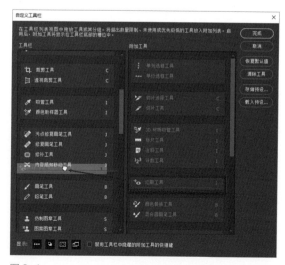

图 3-4

对于主界面工具栏中一些不常用的工具，也可以将其隐藏。在左侧的"工具栏"列表框中将相应的工具向右拖动，将其拖入"附加工具"列表框中，就可以将其隐藏起来，如图3-5所示。设置完成之后，单击"完成"按钮即可。

将经常使用以及使用频率不高的工具调配好之后，在工具栏中用鼠标长按某一种工具，就可以展开该工具组中的同类工具。本例长按"污点修复画笔工具"图标，可以展开该工具组，在其中可以看到有多种工具，如图3-6所示。使用时只要选择相应的工具即可。

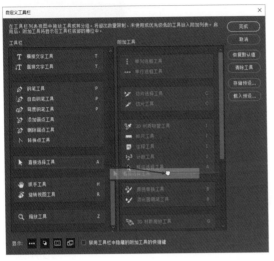

图 3-5

图 3-6

▌3.2 摄影类工具的使用方法

本节介绍后期处理中一些工具的具体用法。

工具综述

首先，打开如图3-7所示的照片，本例的目标是将照片中的天空去掉，只保留树木及地景。在工具栏中选择"魔棒工具"。如果该工具处于隐藏状态，那么用鼠标长按该工具所在的工具组图标，展开该工具组，在其中选择该工具即可。选择该工具之后，在照片中的天空上单击，可以看到利用"魔棒工具"为天空建立了一个选区，如图3-8所示。

图 3-7

图 3-8

要实现非常好的选择效果，需要对工具的一些选项进行设置。选项栏在工作区的上方，有选区的运算方式、取样大小、容差，以及是否连续、对所有图层取样等多个选项。通过改变这些选项的设置，就可以将整个天空背景完全选择出来，如图3-9所示。

这里只是要将天空去掉，因此只要按键盘上的Delete键，就可以将天空背景删除。删除天空背景之后，可以看到此时天空的位置是空白的，没有像素的区域以网格来显示，如图3-10所示。

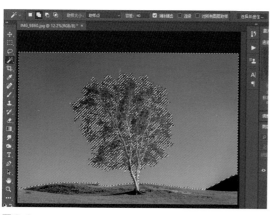

图3-9

图3-10

对于绝大部分工具，在使用时除了常规操作之外，还需要对选项栏中的参数进行设置，设置工具的一些工作方式及运算方式等，最终实现想要的效果。

"移动工具"与"抓手工具"

首先来看Photoshop中的两个辅助性工具："移动工具"与"抓手工具"。

1. 移动工具

打开一张照片，然后在照片上输入文字，此时，照片在一个图层，而文字会被保存在另外一个图层，只要在工具栏中选择"移动工具"，选中文字，如图3-11所示，然后按住鼠标左键拖动，就可以改变文字的位置，如图3-12所示，这也是"移动工具"最典型的用法。

图3-11

图3-12

如果要改变照片上所有像素的位置，对于"背景"图层来说，需要对图层进行一定的设置才能操作。在"图层"面板中图层缩览图的右侧，可以看到此时的图层处于锁定状态。双击这个锁形的图标，如图 3-13 所示，会弹出警告对话框，提示用户当前的图层为锁定状态，询问是否要将照片转换到正常的图层。此时，直接单击"转换到正常图层"按钮即可，如图 3-14 所示。

图 3-13

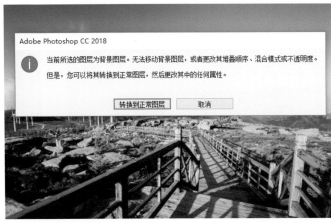

图 3-14

这时在"图层"面板中可以看到图层已经解锁，锁形图标已经消失，如图 3-15 所示。将鼠标指针移动到照片画面上，按住鼠标左键拖动，这样就可以移动照片的像素，露出空白的背景，如图 3-16 所示。移动照片的像素也需要使用"移动工具"。

图 3-15

图 3-16

打开两张照片，选择"移动工具"，选中其中一张照片，按住鼠标左键向另外一张照片上拖动，如图 3-17 所示。

拖动到第二张照片上之后，松开鼠标，即可将第一张照片拖动到第二张照片上，如图 3-18 所示。

图 3-17

2. 抓手工具

下面再来看第二种辅助工具，即"抓手工具"。"抓手工具"主要用于改变用户观察的位置，而非改变照片位置。"抓手工具"位于工具栏的下方，图标为小手的形状，如图 3-19 所示。

图 3-18

图 3-19

放大照片之后，在 Photoshop 中是无法观察到照片全景的，这时选择"抓手工具"，将鼠标指针放在画面中，按住鼠标左键拖动，可以改变用户观察的位置，如图 3-20 所示。

拖动之后，可以看到此时观察的位置已经发生了变化，如图 3-21 所示。

图 3-20

图 3-21

在 Photoshop 中，并不是只有"抓手工具"这一种操作方式可以改变观察的位置，在使用其他工具时，只要按住键盘上的空格键，鼠标指针就会变为抓手形状，允许用户在这种非正常的状态下使用"抓手工具"，如图 3-22 所示。如果松开鼠标，那么工具则会变为之前选择的工具。

图 3-22

缩放工具

与"移动工具""抓手工具"类似，"缩放工具"同样也是一种辅助性的工具，它主要用于放大或缩小照片视图。在工具栏下方选择"缩放工具"，此时在照片画面中可以看到鼠标指针变为放大镜的形状，当然也可以在上方的选项栏中分别单击"放大"或"缩小"按钮来操作，如图3-23所示。如图3-24

所示为单击"缩小"按钮，并单击照片之后，画面视图变小的效果。除了可以在选项栏中单击"放大"或"缩小"按钮，还可以按住键盘上的Alt键，转换"放大"或"缩小"模式，即在使用"放大"模式时，按住键盘上的Alt键，可以将工具变为"缩小"模式，反之亦然。

图3-23

图3-24

前景色与背景色

工具栏底部是前景色与背景色工具，其实这是一种非典型的工具，主要用于照片色彩的调整。上方的色块为前景色，下方的色块为背景色，如图3-25所示，前景色为黑色，背景色为白色。如果单击前景色与背景色右上角的双向箭头，可以将前景色与背景色交换，如图3-26所示。

要改变前景色或背景色，只要单击前景色或者背

景色的色块，就可以打开"拾色器（前景色）"对话框，如图3-27所示。在色板中，左上角为白色，左下角为黑色，右上角为当前色彩的纯色，右下角为当前色彩变为零级亮度之后的色彩，并不是纯正的黑色。如果要改变色板中显示的色彩，可以通过拖动右侧竖直的色条两侧的滑块来改变色彩。设置好之后，直接单击"确定"按钮，就可以完成前景色或背景色的设置了。

图3-25

图3-26

图3-27

将"前景色"设为白色、"背景色"设为黑色，然后在工具栏中选择"画笔工具"，在照片中涂抹，可以看到，在画面中涂抹上了一道白色，如图3-28所示。如果选择"橡皮擦工具"在画面中涂抹，会露出背景，而背景色为黑色，此时就可以看到擦掉像素之后，露出了背景的黑色，如图3-29所示。

图 3-28

图 3-29

前景色与背景色的调整在其他的一些功能调整中也会经常遇到。如图3-30所示为使用"填充"功能时，为画面填充背景色、前景色等的设计。

如图3-31所示为设置"前景色"为白色之后，在照片中输入文字的效果，可以看到输入的文字是白色的。

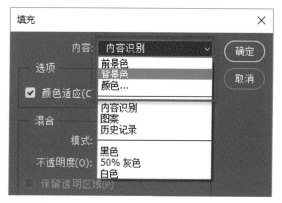

图 3-30

图 3-31

"吸管工具"与"颜色取样器工具"

1. 吸管工具

除了根据自己的认知直接设置前景色和背景色，还可以利用工具栏中的"吸管工具"以及"颜色取样器工具"来调整颜色。用鼠标长按"吸管工具"之后，可以看到展开的工具组中还有"颜色取样器工具"，如图3-32所示。

本例想要将前景色设为照片中小鸟羽毛的颜色，此时就可以选择"吸管工具"，在羽毛的位置单击，这样就将前景色设为了小鸟羽毛的颜色，即"吸管工具"的作用在于取色。打开"信息"面板，可以看到"吸管工具"所取位置的颜色配比，如图3-33所示。

图 3-32

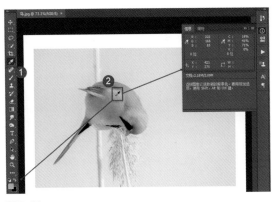

图 3-33

进行取色之后，它的用途是比较广泛的，比如可以通过图层的叠加，利用画笔对小鸟身体其他部位进行涂抹，如图 3-34 所示。

最后通过图层混合模式的变化，将小鸟身体的其他色彩改变为羽毛的颜色，如图 3-35 所示，具体的操作过程在后面将会详细介绍。

图 3-34

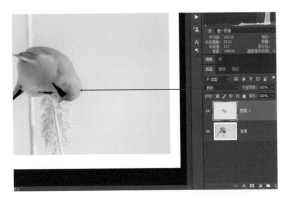

图 3-35

2. 颜色取样器工具

"颜色取样器工具"图标与"吸管工具"图标相差不大，只是在吸管上方出现了一个瞄准的图标，"颜色取样器工具"主要用于查看某些位置颜色的配比。在工具栏中选择"颜色取样器工具"，将鼠标指针移动到照片中的某个位置单击，这样即完成了颜色的取样。此时展开"信息"面板，可以看到

建立的颜色取样点为 1 号点，此时的颜色配比为"R：223，G：163，B：77"，如图 3-36 所示。

一般来说，在 Photoshop 中，可以为最多 10 个点进行颜色取样。取样之后，所有的取样点都会按照顺序显示在"信息"面板中，每个取样点的颜色配比都会清晰地显示出来，如图 3-37 所示。

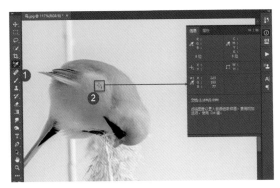

图 3-36

图 3-37

在设置了 10 个取样点之后，如果继续在照片中取样，会弹出警示框，提示无法创建新取样器，因为取样器的最大数量为 10，如图 3-38 所示。

在"信息"面板中，4 号取样点的颜色配比如图 3-39 所示。

图 3-38

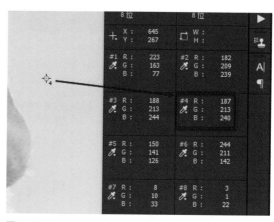

图 3-39

此时单击"前景色"色块，弹出"拾色器（前景色）"对话框，根据颜色取样器提供的颜色配比对色彩进行调配。设置好颜色配比之后，单击"确定"按钮，如图 3-40 所示。此时在工具栏中可以看到前景色已被设置为了取样的颜色，之后就可以使用这

种颜色进行色彩的调整了。

如果要删除某个取样点，只要在取样点位置单击鼠标右键，在弹出的快捷菜单中选择"删除"菜单命令即可，如图 3-41 所示。

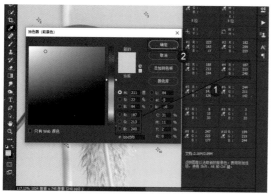

图 3-40

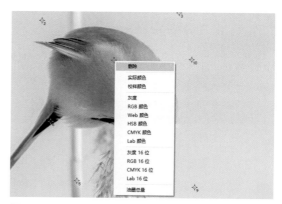

图 3-41

"画笔工具"与"橡皮擦工具"

下面介绍"画笔工具"与"橡皮擦工具"的使用技巧。这两种工具在后期处理中的使用频率是非常高的，绝大多数照片的后期处理都要使用这两种工具。在工具栏中选择"画笔工具"，此时在上方的选项栏中可以看到需要进行设置的参数，最左侧为画笔直径、画笔硬度、画笔形状等选项，后面还有两个比较重要的选项为"不透明度"和"流量"。在设置画笔大小及硬度时，可以在选项栏中单击相应按钮右侧的下三角按钮，展开参数面板进行设置；也可以在画面上直接单击鼠标右键，在弹出的快捷菜单中选择相应的命令，这两种操作是一样的，如图 3-42 所示。

比如，设置好画笔的大小为 108 像素，然后分别将画笔的硬度设置为 0 和 100%，在画面中单击，会生成两个画笔的涂抹区域。可以看到，当画笔硬度为 0 时，它的边缘是非常柔和的，而当画笔硬度为 100% 时，它的边缘是非常硬朗的，边缘线条非常明显，如图 3-43 所示。

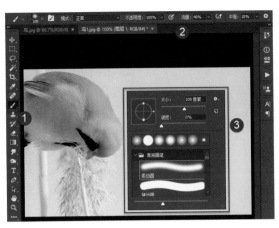

图 3-42

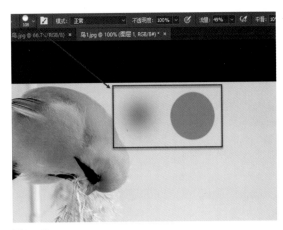

图 3-43

至于"不透明度"与"流量"这两个参数，下面通过一个具体的操作来进行介绍。首先将"不透明度"设为100%，然后将"流量"设为0，在照片中拖动鼠标，可以看到，当流量为0时，拖动出来的轨迹是由许多圆点进行的叠加，即画笔的轨迹不够平滑、不够明显。接下来保持"不透明度"为100%，将"流量"设置为100%，拖动涂抹之后可

以看到，效果非常浓重，如图3-44所示。

至于"不透明度"，它与"流量"差别很大，将"流量"设为100%，然后将"不透明度"降为50%左右，在照片中拖动，可以看到，虽然画笔轨迹很实，但是它是半透明的。由此也可以知道"不透明度"与"流量"的一些差别，如图3-45所示。

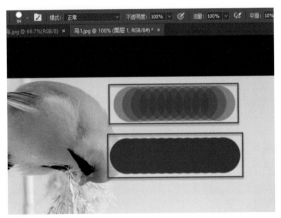

图 3-44

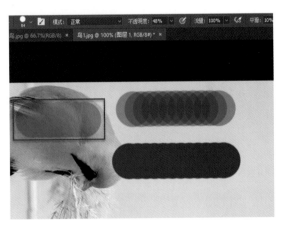

图 3-45

打开两张照片，并将这两张照片叠加在同一个画面当中，让两张照片分布在两个不同的图层上。在工具栏中选择"橡皮擦工具"，然后使用"橡皮擦工具"在上方照片图层的右侧进行涂抹，可以擦掉上方图层右侧的像素，露出下方图层对应位置的像素，将下方图层中的小鸟显示出来，如图3-46所示。

事实上，借助于一些其他的功能，可以让"画笔工具"呈现出与"橡皮擦工具"一样的效果。在本例中，将两张照片叠加在一起之后，为上方的照片建立一个蒙版，然后将"前景色"设为黑色，再选择"画笔工具"，在下方照片的右侧进行涂抹，将蒙版的白色变为黑色，使其处于透明状态，可以看到也会露出下方图层的小鸟，如图3-47所示。

图 3-46

图 3-47

从某种程度上说，使用"画笔工具"要比使用"橡皮擦工具"效果更好一些。比如，在擦拭之后，双击蒙版缩览图，在打开的蒙版"属性"面板中提高"羽化"值，如图 3-48 所示。

这样可以让涂抹的区域边缘过渡更加平滑、柔和，从而使下方的小鸟区域与上方的小鸟更加真实、自然地叠加起来，效果如图 3-49 所示，这其实就是照片合成的一种典型的工作方式。照片的一些合成、抠图等操作，大都利用了这种原理。当然关于蒙版的一些知识，在第 4 章中会进行详细介绍。

图 3-48

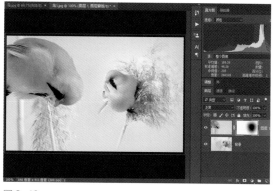

图 3-49

将"前景色"设为白色之后，再用"画笔工具"在之前涂抹的位置进行涂抹，将蒙版上黑色的部分抹白，这样又可以将下方图层隐藏起来，如图 3-50 所示。

除了使用图层蒙版之外，还可以单击工具栏中的"以快速蒙版模式编辑"按钮，为照片建立快速蒙版，这时，可以结合"画笔工具"进行涂抹，如图 3-51 所示。

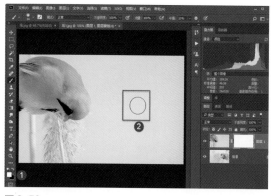

图 3-50

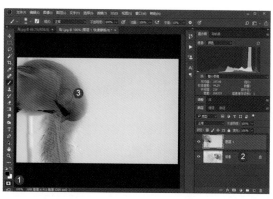

图 3-51

按键盘上的 Q 键退出快速蒙版模式之后，可以看到涂抹区域变为了选区，如图 3-52 所示。

下面再来介绍一种"画笔工具"的使用方式。首先，打开小鸟的照片，然后在"图层"面板的下方单击"创建新图层"按钮，这样可以在"图层"面板中创建一个空白图层，如图 3-53 所示。

图 3-52

图 3-53

在工具栏中选择"吸管工具"，然后在选项栏中将"样本"设置为"所有图层"，即"吸管工具"对所有图层进行取样。因为如果只对当前图层进行取样，而当前图层是空白的，那么就无法获取任何色彩信息，而如果对所有图层取样，就可以将下方图层的色彩提取出来。在羽毛的位置单击取色，这样就可以将"前景色"设置为羽毛的颜色，如图 3-54 所示。

图 3-54

选择"图层 1"，在工具栏中选择"画笔工具"，设置其边缘为柔性边缘，即将硬度降得低一点，设置合适的画笔大小，然后在小鸟头部白色的羽毛位置进行涂抹。涂抹之后可以看到，涂抹的色彩已经遮住了原有的像素，如图 3-55 所示。

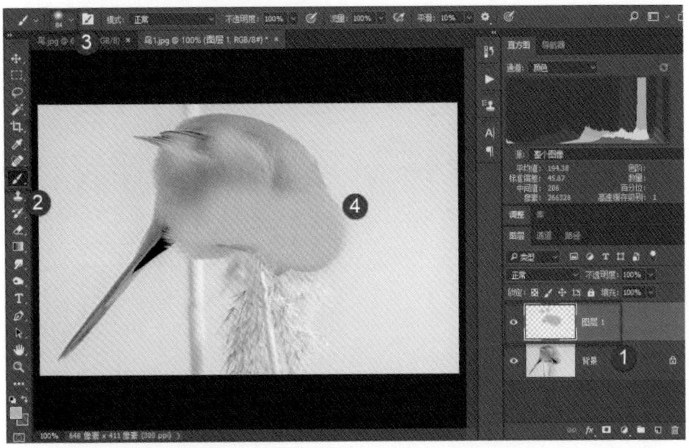

图 3-55

这时，在"图层"面板中将上方空白图层的"混合模式"改为"颜色"，这样就可以用上方涂抹的颜色来替换下方图层该位置的颜色，这样就将下方图层小鸟头部的一些羽毛替换为了黄色羽毛的颜色，如图 3-56 所示。这个案例即前面介绍的"吸管工具"与"颜色取样器工具"案例的制作过程。

图 3-56

5 种修复工具

1. 污点修复画笔工具

"污点修复画笔工具"是修复工具组中的第一个工具，该工具操作简单、功能强大，可以自动识别并修复污点或斑点。对于绝大多数照片中的污点，都可以使用"污点修复画笔工具"进行处理。打开如图 3-57 所示的照片，人物面部有几个明显的黑头、痦子等瑕疵，放大照片后可以看得更清楚。针对这种面积并不算大，并且周边像素比较相似的小型斑点、瑕疵，就可以使用"污点修复画笔工具"处理。

在 Photoshop 主界面左侧的工具栏中选择"污点修复画笔工具"，将鼠标指针移动到照片上，鼠标指针变为了圆形。将圆形指针移动到斑点上单击，即可将其中的斑点消除。此时有一个问题，只有在圆形大小能够完全覆盖住斑点时的修复效果最好。所以在修复斑点之前，应该提前设置好合适的圆形大小，即修复斑点的画笔直径大小。

正确的处理过程为：选择"污点修复画笔工具"；在照片中单击鼠标右键，弹出画笔设置面板，设置"修复污点画笔工具"的画笔直径大小，以能盖住污点的大小为准；然后在污点上单击，即可将污点非常完美地消除，如图 3-58 所示。

图 3-57

> **》 提示**
>
> 若人物的面部有很多斑点或其他瑕疵，要修复这些问题，可能要多次改变画笔直径大小，来应对不同大小的污点。

图 3-58

2. 修复画笔工具

"污点修复画笔工具"的使用原理是根据斑点或瑕疵周边像素的颜色或亮度等信息，混合出一个新的与周边颜色及亮度比较接近的像素区域，来替换斑点或瑕疵。当斑点周边像素的颜色非常接近且没有过多纹理的时候，这款工具能够很轻松地识别并修复污点。但如果斑点周边像素的颜色、明暗相差比较大，或者周边像素存在一些明显的规律性纹理（如明暗交接的区域、色彩过渡比较大的区域、纹理比较多的区域、有明显线条的边缘区域等）时，使用"污点修复画笔工具"修复斑点的效果就不够理想。

例如，在如图3-59所示的照片中，人物发丝边缘部位有一颗痣，因为周边是有条理的发丝，所以直接使用"污点修复画笔工具"进行修复的效果就不够理想，填充的发丝会产生混乱，并且有些模糊。

针对周边背景像素有明显条纹等的污点瑕疵，使用"污点修复画笔工具"无法很好地修复，这时就需要使用"修复画笔工具"了。"修复画笔工具"与"污点修复画笔工具"的作用相似，都可以用于修复画面中

的污点，它与"污点修复画笔工具"的不同之处在于，使用"修复画笔工具"时，需要用户手动在污点周围的区域进行取样。

图3-59

针对人物发际部位的这个污点，先选择"修复画笔工具"，再单击鼠标右键，在弹出的面板中设置合适的画笔大小，按住Alt键单击斑点周围（与斑点位置相似的区域），即可完成对该区域的采样，然后松开Alt键，再在瑕疵处单击，即可将取样点覆盖在斑点上，完成修复，得到很好的效果，如图3-60所示。

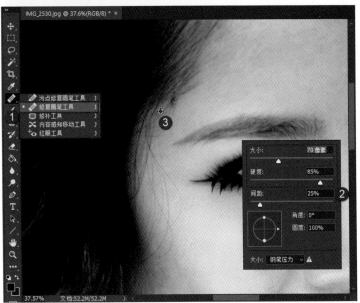

图3-60

3. 修补工具

"修复画笔工具"和"污点修复画笔工具"在修复一些面积较小的瑕疵时非常有效，只要单击几下鼠标就能完成处理。但当瑕疵面积较大时，这两种工具的修复效果却并不理想。面对面积较大的瑕疵，要使用"修补工具"。换句话说，"修补工具"适用于面积相对比较大的区域的修补。

打开如图 3-61 所示的照片，本例要将前方左侧的牛消除。

在 Photoshop 软件左侧的工具栏中选择"修补工具"，选项栏中的参数保持默认即可。用鼠标选择要去掉的牛，也就是将牛勾选出来（绘制到最后，终点接近起点时，松开鼠标，蚂蚁线会自行完成连接，将选区封闭起来），如图 3-62 所示。

图 3-61

图 3-62

选区绘制完成后，将鼠标指针放置在选区内，按住鼠标左键，向周边纹理比较自然的位置拖动，利用选区周边的像素替换选区内的背景区域，如图 3-63 所示。拖动时要注意，幅度不宜过大。拖动到目标区域后，松开鼠标，此时可以发现修补完成，按 Ctrl+D 组合键可以快速取消选区。

图 3-63

> **» 提示**
>
> 需要注意的是，制作选区时，尽量不要使选区的面积过大，否则修复效果可能不够理想，并留下大量的修补痕迹。而对于有线条或有纹理的区域，使用"修补工具"时，效果可能不够好。

这样就可以将大面积的区域修补完毕。修补完成后，如果还有小面积的区域修补得不够自然，那么可以再次利用"修补工具"在这块区域上做一个小范围的选区，然后对其进行修补，如图 3-64 所示。

经过多次对残留区域进行修补处理后，最终修复后的画面效果如图 3-65 所示。

图 3-64

图 3-65

4. 内容感知移动工具

前面介绍了多种工具，能够将照片中不同大小的污点、瑕疵修掉。现在我们有一个新的想法：移动照片中的某些景物的位置，这包含两层意思，其一是将景物移动到新的位置，其二是修复将景物移走之后留下的空白。显然，"污点修复画笔工具""修补工具"等都无法完成这项工作，这时就需要使用"内容感知移动工具"了。

在如图 3-67 所示的照片中，要将正在挥动镰刀的儿童向右移动，放在更好的构图点上，与此同时能够覆盖图中的大人。

在工具栏中选择"内容感知移动工具"，选项栏中的参数设置如图 3-68 所示，设置"模式"为"移动"。另外，当勾选儿童时，范围稍微大一些，特别是要在人物下方勾画出足够大的区域，为方便这片区域能够覆盖右侧的大人。

图 3-67

图 3-68

建立好选区之后，将鼠标指针放在选区内，按住鼠标左键向右拖动到新的构图点上。本例中还要注意覆盖住原来存在的大人，操作过程如图 3-69 所示。

将选区内的景物移动到新位置后，松开鼠标，此时会发现还可以对选区内的景物进行大小的缩放或者旋转。本例中没有必要进行缩放或者旋转，因此直接按键盘上的 Enter 键，完成移动。此时计

算机经过计算，对边缘区域进行模拟填充，然后按 Ctrl+D 组合键取消选区，修复后的效果如图 3-70 所示。

此时可以发现，将儿童移动至其他位置的画面效果还是非常自然的。如果选区边缘部分有些失真，可以使用"污点修复画笔工具"等进行修饰，让效果更自然。

图 3-69

图 3-70

5. 红眼工具

修复工具组中的最后一款工具为"红眼工具"，这个工具的使用比较简单。红眼是因为在弱光下人眼瞳孔扩大，增强入光量，但遭到突然而来的强烈的闪光灯直射，照亮了眼底的毛细血管而产生的。

打开需要去除红眼的人物照片，如图 3-71 所示。

在工具栏中选择"红眼工具"，然后在其选项栏中设置"瞳孔大小"和"变暗量"。"变暗量"越大，去红眼的可能性越大，它可以降低饱和度，调低红色的明度。在正常情况下，没有必要对选项栏中的参数进行过多的调整，这里采用的是默认设置。在照片中拖动鼠标即可框选出眼球区域，松开鼠标就可以看到红眼现象被改善，如图 3-72 所示。接下来，用同样的方法对另一只眼睛进行修复，如图 3-73 所示。

图 3-71

图 3-72

有时候一次修复之后的效果虽然明显，但并不完美，可能需要通过多次操作来达到去红眼的最佳效果。照片最终处理效果如图 3-74 所示。

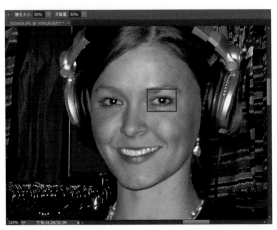

图 3-73

图 3-74

仿制图章工具

相对于智能修复工具组中的多款工具，"仿制图章工具"可以说是最不够智能的。这款工具不像其他工具那样，可以自动识别要修复区域周边像素的亮度和色彩，然后进行自动修复，而只是在设置复制源后，将其粘贴到想要修复的位置。这种不自作主张、单纯的复制行为看似愚蠢，但有时却很好用。因为它不会让一些存在明显轮廓的景物边缘出现模糊，并且能够忠实地执行用户做出的操作决定。下面通过具体的实例来介绍"仿制图章工具"的使用技巧和方法。

打开如图 3-75 所示的照片，现在要做的是将左侧的电线和中间的那匹马修掉。

在工具栏中选择"仿制图章工具"，然后在画面中单击鼠标右键，在弹出的面板中设置合适的画笔大小。然后按住 Alt 键在左侧的电线上方单击进行取样，松开 Alt 键和鼠标后，将鼠标移动到电线上单击，就可以将画笔覆盖的电线部分清除。在具体处理时，取样后可以将画笔放在电线上，然后按住鼠标左键拖动涂抹，很容易就将电线清除掉了，具体操作如图 3-76 所示。

针对本例中电线的修复，使用前面介绍的"污点修复画笔工具""修复画笔工具""修补工具""内容感知移动工具"等也都可以实现。但接下来对中间马匹的修复操作，最好的选择是"仿制图章工具"。

图 3-75

图 3-76

继续使用"仿制图章工具"在靠近中间马匹的周围区域取样，进行仿制操作，将马匹外侧一些比较容易修复的区域处理掉，如图 3-77 所示。

如果对两匹马交界的位置进行仿制，则很难仿制出很好的边缘效果。此时要怎么办呢？针对这种情况，一般需要为边缘建立选区，只对选区

内的部分进行仿制操作。如图 3-78 所示，选择"多边形套索工具"，设置"羽化"值为"1 像素"（轻微的羽化有助于让边缘更加平滑，但如果"羽化"值过大，则会让边缘变得模糊），将中间马匹残留的部分勾选出来。需要注意的是，边缘部分要勾选得精确一些。

图 3-77

图 3-78

建立好选区之后，再次选择"仿制图章工具"，取样时不必考虑选区的问题，根据自己的需要进行取样即可。例如，当处理中间马匹的腿部时，找到合适的位置取样，如图 3-79 所示就没有考虑所建立的选区问题。

利用多次取样及处理，可以将中间的马匹修掉。由于建立选区进行了限定，这样修复的区域将只限于选区内的部分，而不会让前方马匹的边缘产生混乱和模糊。需要注意的是，天空与草原交界的位置，在取样时应该在右侧显示出的天际线位置取样，如图 3-80 所示。

利用"仿制图章工具"进行瑕疵的修复和消除，可以看到软件只是忠实地执行了已定好的复制操作，而没有随意地去"智能化地混合，进而填充目标区域"，所以没有产生大量模糊的区域，这一点从修复后的效果也可以看出来。通过建立选区并进行初步修复后，照片效果如图 3-81 所示。因为处理过程中进行了多次仿制操作，这样大量的历史记录很快就会覆盖之前的一些操作记录，所以到了一些关键的步骤时，要注意在其历史记录步骤前面单击"设置历史记录画笔的源"，这样就标记下了该关键步骤。

从此时的处理效果可以看到两个问题：其一，远处马匹的屁股位置有些残存区域没有处理完全；其二，在前方马匹右侧边缘处，线条不够平滑，有些生硬。

图 3-79

图 3-80

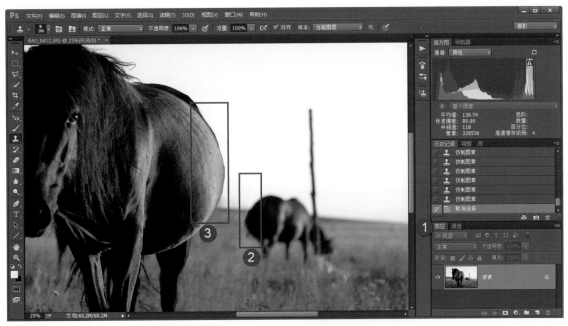

图 3-81

针对远处马匹后方的残留问题，只要使用"仿制图章工具"进行再次修复即可，修复后的效果如图 3-82 所示。

最后，可以看到马匹的边缘过于生硬，不够自然，需要进行调整。这种对边缘位置的处理是非常关键的，只有边缘控制到位，处理的最终效果才会看起来更加真实、自然。

要让生硬的边缘线条变得柔和、平滑，可以选择不规则形状的"画笔工具"来修复马匹边缘的轮廓线，使背部边缘不至于太过规则。如图 3-83 所示，

图 3-82

选择"仿制图章工具"后，在选项栏的笔刷列表框中选择笔刷，然后设置笔刷大小，并拖动调整笔刷的方向，设置好之后，将笔刷放在边缘处进行仿制操作。

经过使用特殊笔刷的仿制操作，最终可以让边缘部位变得更加柔和、平滑，而照片的最终效果也会变得更加真实、自然，如图 3-84 所示。

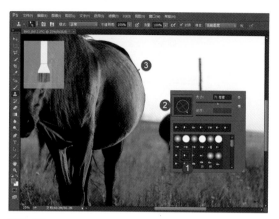

图 3-83

图 3-84

渐变工具

在后期处理中，"渐变工具"是非常重要的，它与"画笔工具"结合使用，可以使后期处理变得更加容易，能够得到更多、更漂亮的效果。

打开一张照片，然后在工具栏中选择"渐变工具"，在其选项栏中可以设置渐变的色彩样式、渐变自身的样式及渐变的模式、不透明度等参数，如图 3-85 所示。

再次打开一张照片，并将之前打开的圣湖照片拖动到新打开的照片上方，将两者叠加起来，然后设置从黑色到白色的渐变，设置"径向渐变"，在上方的照片拖动，可以看到拖出了一个从黑到透明的圆形渐变区域，如图 3-86 所示，但这对后期处理没有任何帮助。

图 3-85

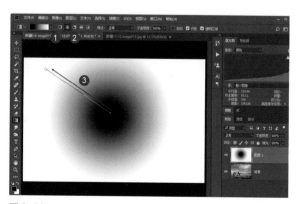

图 3-86

如果为上方的圣湖照片添加图层蒙版，然后选择"渐变工具"，设置从前景色到透明的色彩渐变，并设置"线性渐变"样式，再从画面下方向上拖动，就可以将两张照片叠加到了一起，如图 3-87 所示。当然在调整渐变之前，要将"前景色"设为黑色、"背

景色"设为白色。事实上，上述操作过程虽然非常简单，但它本身能够实现的效果，或者说它的功能却是非常强大的，在后续的照片合成、抠图等内容中，都要使用"渐变工具"来进行操作。从与蒙版的搭配方式来看，"渐变工具"与"画笔工具"有异曲同工之处。如果

此时对"渐变工具"的掌握还不是很彻底，在后面的章节中，绝大多数案例都会涉及"渐变工具"及"画笔工具"等的使用，可以通过案例完全掌握这些相关工具的使用技巧。

图 3-87

"减淡工具"与"加深工具"

对于绝大多数用户来说，对"减淡工具"和"加深工具"等是比较陌生的，因为这两种工具使用得较少。下面结合具体案例，来看这两种工具在后期处理当中的一些应用。

首先，打开这张人像照片，放大之后看到人物面部有很多污点和瑕疵，那么选择"污点修复画笔

工具"，将人物面部的黑头、瑕疵修掉，如图 3-88 所示。

此时放大照片，可以看到人物面部的皮肤已经比较理想了，但不理想的是，此时人物的肤色有些浓重，并且也不够明亮，如图 3-89 所示。

图 3-88

图 3-89

在工具栏中长按"减淡工具"图标，此时可以展开该工具组，可以看到有"减淡工具""加深工具"和"海绵工具"，如图 3-90 所示。

首先选择"减淡工具"，然后在选项栏中设置该工具鼠标指针直径的大小，不要设置得太大，然后设置"范围"为"中间调"、"曝光度"值为 50%。设置光标的直径，主要用于限定涂抹轨迹的大小。而"范围"参数则用于设置调整的对象，如果设置为"阴影"，那么被调整的对象就是照片中比较暗的区域；如果设置为"高光"，那么将调整比较亮的区域；如果设置为"中间调"，则调整一般亮度的区域。至于"曝光度"，主要用于设置调整时的强度，"曝光度"值越高，调整的幅度也会越大，如图 3-91 所示。

如果要调整"曝光度"参数值，可以单击右侧的下三角按钮，在展开的这个小型滑块面板中拖动滑块，就可以改变参数值。然后将鼠标指针移动到人物面部，在肤色比较深、色彩比较浓重的位置按住鼠标左键拖动进行涂抹，这样就可以将人物的肤

色减淡，也就相当于提亮了。在涂抹过程中，还要随时注意改变"曝光度"值，避免"曝光度"值过大，使人物的面部变得太亮。经过涂抹可以看到人物的面部肤色变亮了很多，如图3-92所示。

图3-90

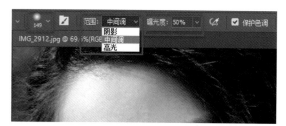

图3-91

图3-92

如果缩小画笔直径，在人物的眼白位置进行涂抹，则可以提亮人物的眼白，让人物的眼睛更加漂亮有神，如图3-93所示。

"加深工具"正好与"减淡工具"相反，它可以降低某些景物的亮度。当然，同样也可以设置是对"阴影""中间调"还是"高光"进行调整。

"海绵工具"主要用于吸取照片中的一些颜色，降低某些区域颜色的饱和度，也是非常重要的一种工具。但由于操作方法与"减淡工具"几乎完全一样，所以这里就不再过多赘述了，读者可以自行尝试。

本章介绍了一些重要工具的使用方法及参数的具体含义，这样在进行后期处理时，就可以灵活应

图3-93

用了。即使现在并没有掌握这些工具的真正用法，也没有关系，在后面的章节中，有很多案例都要借助于工具的帮助才能实现最终的效果。本章只是带领大家对工具形成初步的认识。"钢笔工具""磁性套索工具"等的用法会在后面的章节进行介绍。通过对上述工具的了解，大家也可以自行练习其他工具的用法。

第4章
学前的准备工作

在后期处理软件中，调整性功能可用于对照片的明暗、色彩等进行调整，有些 Photoshop 功能单独使用是没有意义的，无法对照片本身的属性产生根本性影响，它往往要与调整性功能结合起来，共同完成某项任务，这类功能的作用主要通过图层、选区、蒙版及通道表现出来。

辅助性功能看似简单，事实上却是非常重要的。因为几乎所有摄影作品的后期处理，甚至平面设计，都需要借助这些辅助功能的帮助，可以说，这 4 种辅助工具是 Photoshop 的精华所在，是 Photoshop 之所以重要的 4 大基石。

4.1 图层

在 Photoshop 中打开一张照片，可以将其想象为一张实体的纸质照片。继续打开另外两张照片，即 3 张纸质照片叠加在一起，照片形成了 3 层结构。每一层可以用一个图层来描述，即一张照片变为一个图层。当然，应该注意的是图层并不仅限于照片，可能是某些线条、文字等。

认识图层

打开一张照片，如图 4-1 所示。工作区中展示的就是这张照片，而在"图层"面板中，对应的则是这张照片的图层缩览图。事实上两者指向的都是这张照片，工作区用于展示照片画面，"图层"面板当中的图层缩览图用于展示画面所在图层，便于后续从宏观上对照片进行一些调整。

打开一张 TIFF 格式的照片，如图 4-2 所示，在"图层"面板中有多个图层，这表示当前照片是由多个图层叠加而成的。某个图层起到了边框的作用，某个图层起到了背景的作用，而另外的图层则可能是作为主体出现的。

比如，单击"图层 2"前面的"指示图层可见性"按钮，如图 4-3 所示，隐藏这个图层，在画面中可

图 4-1

以看到作为主体的饰品不见了。由此可以知道，最上方的"图层 2"也就是主体所在图层。其实，从"图层"面板的缩览图中，也可以看出某个图层的大致内容。

图 4-2

图 4-3

图层的作用

从后期处理的角度来说，可以大致认为图层有两个重要作用。其一，用于备份原始照片；其二，用户对不同图层上的景物或者元素进行合成，得到全新的照片效果。

如图 4-4 所示，在处理照片之前先复制一个图层出来，对新复制出来的、与原图层画面完全一样的画面进行后期处理。处理完毕后，从"图层"面板中可以看到，"背景"图层保留了原始照片的状态，是原始照片的备份；而上方的图层则是处理过的照片。

图 4-4

如图 4-5 和图 4-6 所示，这两张照片是完全不同的，前者是作为主体的饰品，背景是空白的；而后者是一个纯黑的背景。在 Photoshop 中就可以对这两张照片进行合成。

图 4-5

图 4-6

首先打开这两张照片，然后将这两张照片放入同一个画面，但分布在不同的图层，如图 4-7 所示。此时就可以看到，这两个图层叠加出了新的画面效果，这就是照片的合成应用。

当然，在实际的应用当中，图层的作用更多。比如，复制图层后，对新复制的图层进行调整，最后再将一些局部调整效果擦掉，露出"背景"图层的原始照片，这样两者就形成了一种局部的合成，也可以说是局部调整的效果。在后续的内容当中会介绍图层的不同用法。

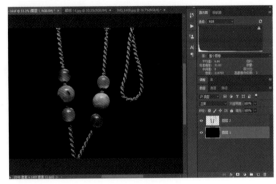

图 4-7

图层的操作

如果要复制两个完全一样的图层，那么可以按键盘上的 Ctrl+J 组合键，这样就复制出了一个与之前图层完全一样的图层，只是名称不同，如图 4-8 所示。

在"背景"图层上单击鼠标右键，在弹出的快

捷菜单中选择"复制图层"命令，如图 4-9 所示，也可以复制一个完全相同的图层，名称也不相同，如图 4-10 所示。

当然，上述两种复制图层的方式有一定差别，本节后面会介绍。

图 4-8

图 4-9

图 4-10

选择"背景"图层，将其向下拖动到"创建新图层"按钮 上，也可以复制一个新图层，如图 4-11 所示。如果直接单击"创建新图层"按钮，则会创建一个空白的透明图层，如图 4-12 所示。

在某个图层上单击鼠标右键，在弹出的快捷菜单中选择"删除图层"命令，可以删除该图层，如图 4-13 所示。

图 4-11

图 4-12

图 4-13

打开照片后，首先建立一个选区，如图 4-14 所示。按键盘上的 Ctrl+J 组合键，就已经将选区内的内容提取了出来，并单独存放在了新建立的图层上了，如图 4-15 所示。如果这里没有选区，那么按下 Ctrl+J 组合键就会完全复制一个"背景"图层。

图 4-14

图 4-15

同样是建立了选区，如果使用另外两种方法，将图层拖动到"创建新图层"按钮上或者使用右键快捷菜单命令来复制图层，那么会将选区与所有照片内容都复制下来，如图 4-16 所示。

图 4-16

事实上，按 Ctrl+J 组合键与选择"通过拷贝的图层"命令相似，如图 4-17 所示。在"图层"菜单中，选择"创建"|"通过拷贝的图层"菜单命令，就可以实现同样的功能；而如果选择"通过剪切的图层"菜单命令，则会将选区内的内容剪切出来，并存储为单独的图层，如图 4-18 所示。

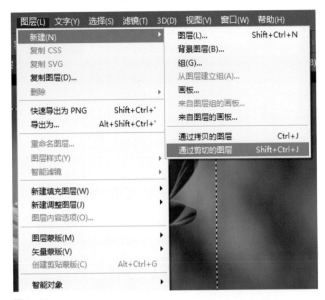

图 4-17

图 4-18

如果"图层"面板中有很多图层，在保存文件之前，可以先合并图层。在某个图层的空白处单击鼠标右键，在弹出的快捷菜单中可以看到"拼合图像"等几个非常重要的命令，如图 4-19 所示。其中，最常使用的是"拼合图像"命令，选择该命令后，可以看到所有图层被拼合起来，变为一个单独的图层，如图 4-20 所示。

图 4-19

图 4-20

更改图层名称，使用指向意义更明确的图层名称，可以使我们在后续的调整过程当中尽快找到某个对应的图层。要修改图层名称，只要双击原有图层名称，即可重新输入，如图 4-21 所示。如图 4-22 所示为重新输入名称后的图层分布，可以看到，更改名称后的图层更加直观地呈现了出来。

图 4-21

图 4-22

所谓的"背景"图层，一般都是处于锁定状态的，即像素的明暗和色彩可调，但像素位置不可改变，一旦使用"移动工具"拖动，会弹出警示框，如图 4-23 所示。

图 4-23

如果要改变像素位置，需要单击图层右侧的锁形图标，如图 4-24 所示。此时会弹出"新建图层"对话框，然后直接单击"确定"按钮，如图 4-25 所示，这样就可以将锁定的"背景"图层变为一个普通图层。

图 4-24　　　　　　　　　　图 4-25

解锁图层后，在工具栏中选择"移动工具"拖动照片，可以发现像素位置可以改变了，如图 4-26 所示。

图 4-26

如果在照片上输入文字，文字图层是矢量化的，如果要让文字变为正常的像素，需要在文字图层上单击鼠标右键，在弹出的快捷菜单中选择"栅格化文字"命令，如图4-27所示。

如果要改变不同图层的上下顺序，那么可以将鼠标指针移动到该图层上，按住并向上拖动或者向下拖动即可，如图4-28所示。将主体对象的图层向下拖动到黑色背景图层下方，此时的图层分布如图4-29所示。而在照片画面中，黑色也将主体遮挡了起来，如图4-30所示。

图4-27

图4-28

图4-29

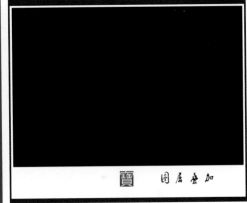

图4-30

图层混合模式

同一个画面中的两个图层叠加时如果不进行任何设置，那么上方图层会完全遮挡住下方图层，如图4-31所示，我们看到的是上方的图层，实际上下方还有一个亮度值为128的中性灰图层。

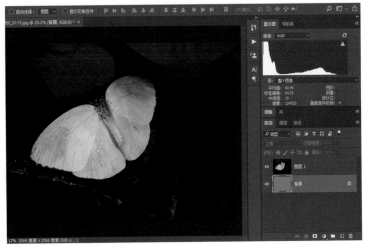

图4-31

打开"图层"面板左上角的"正常"下拉列表，可以看到下拉列表中有非常多的选项，这些选项便是图层混合模式，如图 4-32 所示。默认情况下是"正常"模式。

所谓图层混合模式，是指两个图层按照一定的公式进行运算，然后显示出一种不同的效果。在"正常"模式下，上方图层完全遮挡住下方图层，但如果更改一种混合模式，如图 4-33 所示，这里设置为"划分"混合模式，可以发现上下两个图层会按照一定的运算规则，使叠加出的画面效果发生很大变化。

图 4-32

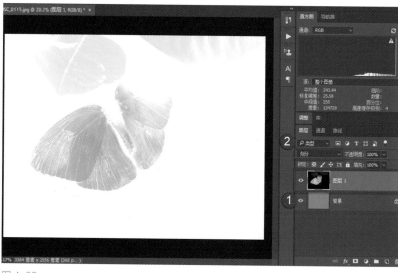

图 4-33

下方的图层可以称为"基色"，上方的图层称为"混合色"，这两个图层按照一定算法得到的混合效果，称为"结果色"。例如，选择"变亮"混合模式，软件会检查上下两个图层每个像素的位置，最终用亮的像素作为结果色，那么这种混合模式叠加后得到的最终画面肯定是变得更加明亮。当然，这是一种比较简单的混合模式，"滤色""柔光"等混合模式，则远不是只取更亮的像素那么简单。

对图层混合模式进行一定的总结，可以将这些模式大致划分为普通模式、变暗类模式、变亮类模式、对比类模式、消色类模式和颜色控制模式等几种，如图 4-34 所示。

基色为中性灰，混合色为一张普通照片，将"混合模式"设置为"变暗"，软件会查找两个图层每个像素的位置，最终显示更暗的像素，最终的照片肯定是变暗的，因为每个像素都是取了上下两个图层对应位置更暗的颜色。从画面中也可以看到，照片整体变暗，如图 4-35 所示。

正常 溶解	普通模式
变暗 正片叠底 颜色加深 线性加深 深色	变暗类模式：让照片变暗
变亮 滤色 颜色减淡 线性减淡（添加） 浅色	变亮类模式：让照片变亮
叠加 柔光 强光 亮光 线性光 点光 实色混合	对比类模式：可改变对比度
差值 排除 减去 划分	负片及消色类模式
色相 饱和度 颜色 明度	颜色控制模式

图 4-34

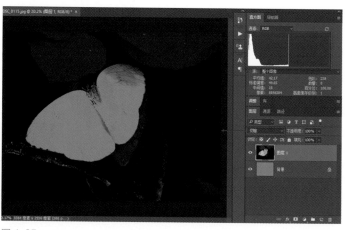

图 4-35

同样都是变暗类的混合模式，如果设置为"正片叠底"，经过特定模式的运算，也会得到一个变暗的画面，如图4-36所示，但是变暗方式是不一样的，因为这两种模式的计算公式不同。

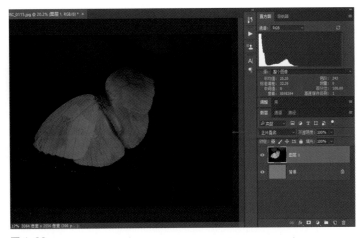

>> 提示

"正片叠底"的公式为"（混合色+基色）-255=结果色"。假设上方混合色照片某个像素的亮度为150，基色所有像素亮度都是128，这样基色图层与上方亮度150像素对应位置的像素亮度肯定也是128，因此150+128-255=23，也就是说亮度为150的像素变为23，其他位置亦如此。因此，混合后照片明显变暗。

图4-36

>> 提示

关于其他图层混合模式，这里不一一列举，读者需要知道的是，借助不同的图层混合模式，可以得到一些特殊的画面效果，有时候会对后期处理起到很好的作用。
想要学习图层混合模式的相关知识，可以阅读相关的专业书籍。

4.2　选区

选区的概念

实际上，选区的概念非常简单，顾名思义，即选择的区域。一张照片的像素分布非常广泛，照片内的景物也都有各自的区域划分，而选区的概念则可以将特定的像素或特定的景物单独地选择出来，以进行下一步操作。在建立选区时，将个别景物选择出来，被选择出来的景物周边就会出现选区线，通常称为蚁形线或蚂蚁线。比如，打开如图4-37所示的照片，接下来将要对天空及建筑实体部分进行调整，这就需要选区的辅助，只有建立了选区，才能对选区内外的景物分别进行调整。

如图4-38所示，对天空建立了一个选区，可以看到天空的周边出现了蚂蚁线，这些蚂蚁线表示已经将天空单独选择了出来。接下来要对照片进行的明暗调整、色彩调整等就会被限定在选区内，选区外的建筑部分是不受影响的。

图4-37

图4-38

选区的运算

　　建立选区之后，在工具栏中选择"缩放工具"，单击照片，放大照片，观察选区边缘的局部可以看到，本来选择的是天空部分，但建筑物的一些边缘区域也被选择了出来，如图 4-39 所示，也建立了一些非常小的选区，这显然是不合理的，不够严谨，因为本例只是想要选择天空区域。

　　要解决选区不准确的问题，首先应该使用选区运算工具进行选的加减。选择某种选区工具后，在上方的选项栏左侧有一排按钮，分别为"新选区""添加到选区""从选区减去"以及"与选区交叉"。对于多包含进来的建筑物实体区域，可以在选择选区工具后，设置为"从选区减去"运算方式，将建筑物实体上被选进来的多余部分排除出去，这样，才能够准确地为天空建立选区，如图 4-40 所示。

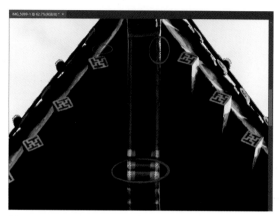

图 4-39

图 4-40

　　下面通过一个具体的演示过程来说明选区运算的一些方式。首先，在工具栏中选择"矩形选框工具"，然后单击"新选区"按钮，这样在照片中按住鼠标左键拖动，就可以拖动出一个矩形选区，即蚂蚁线内的区域就是选区，如图 4-41 所示。

　　在选项栏中选择"添加到选区"运算方式，在原有选区上方再创建一个选区，如图 4-42 所示。

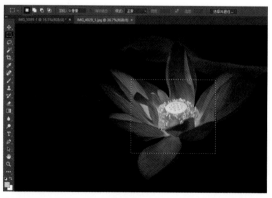

图 4-41

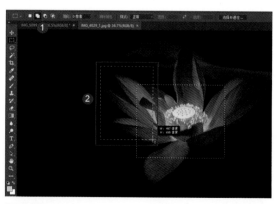

图 4-42

　　这样，松开鼠标后，就会发现照片中的选区已经被叠加了起来，两者重合的区域也被包含在选区之内。接下来，在选项栏中选择"从选区减去"运算方式，然后在原有选区的左侧拖动创建一个选区，如图 4-43 所示。松开鼠标，就会发现经过减去运算后，已经将左侧重叠的区域从原有选区中去掉了，如图 4-44 所示。

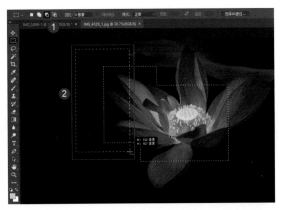

图 4-43

在选项栏中选择"与选区交叉"运算方式，在原有选区的右侧拖动创建一个选区，如图 4-45 所示。

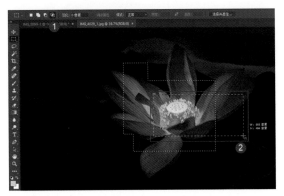

图 4-45

一般来说，选区的运算主要包含以上 4 种形式，即"新选区""添加到选区""从选区减去""与选区交叉"。在大部分情况下，对选区的运算大多使用"添加到选区""从选区减去"这两种，用于对各种不同的选区进行调整。

图 4-47

图 4-44

松开鼠标后，会发现此时的选区只保留了两个选区交叉重合的区域，其他区域都不会被保留下来，如图 4-46 所示。

图 4-46

在打开的初始照片中，由于建筑物实体通常作为主体，因此一般建立选区时，往往最终选择建筑物实体，但当前选择的是天空，没有关系，在菜单栏中选择"选择"|"反选"命令，如图 4-47 所示。就可以反向选择选区，即为建筑物建立选区，如图 4-48 所示。

图 4-48

放大照片，按住键盘上的空格键，此时鼠标会变为抓手形状，按住鼠标左键拖动画面，使视图显示选区边缘位置。此时，可以看到选区并不精确，有一些边缘区域被排除在了选区之外，如图4-49所示。

在工具栏中选择"套索工具"，然后在选项栏中选择"添加到选区"运算方式，在边缘附近勾选漏掉的建筑物区域，将其添加进选区，如图4-50所示。这样，才最终为建筑物实体部分建立了一个比较准确的选区。

图4-49

图4-50

羽化

初次建立选区后，选区的边线是非常硬朗的，线条太生硬，无论是调整还是合成，最终得到的效果都不太自然。这个问题可以通过选区的羽化来解决。所谓羽化，是指让选区的边缘柔和一些，让选区外与选区内的过渡平滑一些。

1. 先选区后羽化

先看如图4-51所示的照片，照片中的天空亮度比较高，这里会为天空建立选区，稍稍压暗天空的亮度。使用"矩形选框工具"先把天空区域大致选择出来，如图4-52所示。

图4-51

图4-52

选择出天空区域后，在菜单栏中选择"图像"|"调整"|"亮度/对比度"命令，打开"亮度/对比度"对话框，降低"亮度"，提高"对比度"，这样就可以让天空区域的亮度变暗，并且保持原有的影调对比，如图4-53所示。完成后单击"确定"按钮返回。

此时观察画面可以看到，选区内与选区外有非常明显的边线，不够自然，这显然是有问题的，如图4-54所示。要解决这种问题，就需要对选区进行羽化。

图 4-53

图 4-54

打开"历史记录"面板，单击刚建立选区的步骤，返回该步骤，如图 4-55 所示。

建立选区后，在选区内单击鼠标右键，弹出快捷菜单，选择"羽化"命令，如图 4-56 所示。

图 4-55

图 4-56

弹出"羽化选区"对话框，将"羽化半径"设置为"150 像素"，单击"确定"按钮返回，如图 4-57 所示。这个"羽化半径"是指从选区线向两侧扩展的像素值，"羽化半径"值越大，表示羽化值越大，它的过渡区域会更大，过渡效果也会更自然。

在对选区进行羽化之后，对选区内进行亮度与对比度的调整，如图 4-58 所示。

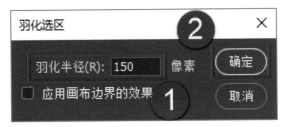

图 4-57

图 4-58

调整完毕后，按 Ctrl+D 组合键取消选区。此时观察选区的边缘可以看到，降低亮度后的天空与地面的过渡依然是平滑、自然的，如图 4-59 所示。很明显，羽化起到了非常重要的作用。另外，还要注意，如果羽化值不够，那么边缘依然会显得相对比较硬朗，正是因为设置了比较大的羽化值，才使边缘的过渡变得比较平滑、自然。

图 4-59

2. 先设置羽化值，后建立选区

上面介绍了建立好选区之后，再使用"羽化"命令对照片进行羽化调整的操作步骤。在实际的操作中，还可以在建立选区之前，先设置好羽化值，再进行调整。例如，在工具栏中选择"矩形选框工具"后，在上方的选项栏中设置"羽化"值为"150 像素"，然后在照片中建立选区，此时选区的边缘就会变得比较柔和，如图 4-60 所示。这样，即使对选区进行调整，取消选区后，调整部分与未调整部分的过渡依然也会比较平滑，读者可以尝试一下。

图 4-60

> ≫ 提示
>
> 这里要注意的一个问题是，一旦没有设置羽化值就建立了选区，那么要再进行羽化，只能使用右键快捷菜单命令，然后设置羽化值。一旦建立了选区，那么再在选项栏中设置羽化值是没有任何效果的。因为选项栏中的参数设置是针对左侧工具栏中对应的工具的，而非针对选区的。要针对选区进行调整，就需要在快捷菜单中选择"羽化"命令。

3. 羽化设置的警告

选择"矩形选框工具"，在选项栏中设置"羽化"值为"150 像素"，然后在画面中拖动鼠标绘制一个非常小的选区，松开鼠标后，如果选区不够大，会弹出一个警告对话框，警告我们选择的区域有问题，因为它不大于 50% 的选择区域，选区不可见，即在照片中是看不到任何选区的，如图 4-61 所示。

同样的，选择"矩形选框工具"，不设置任何羽化值，先拖出一个很小的选区，然后在选区内单击鼠标右键，在弹出的快捷菜单中选择"羽化"命令，如图 4-62 所示。

图 4-61

如果在"羽化选区"对话框中设置的"羽化半径"值比较大，如图4-63所示，那么单击"确定"按钮后，依然会弹出警告对话框，告诉我们"像素不大于50%选择"，选区不可见，如图4-64所示。这表示整个选区太小，而羽化半径超过了150像素，例如，如果选区横向只有150像素宽，但已经设置"羽化半径"值为"150像素"，那么所有选区内的像素都被羽化了，不超过50%的选择区域，选区就是无法显示的。

图4-62

正如之前介绍的，选区不可见不代表选区不存在，比如，设置"羽化半径"值为"150像素"后，虽然选区不可见，但调整亮度及色彩以后，会发现建立选区位置的亮度和色彩有变化，而未建立选区位置的亮度和色彩没有变化，这表示只是选区线不可见，而选区是存在的，如图4-65所示。

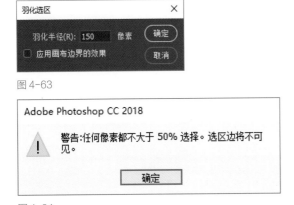

图4-63

图4-65

图4-64

4.3 蒙版

蒙版的概念

有些定义解释蒙版为"蒙在照片上的板子"，其实，这种说法并不准确。通俗地说，可以将蒙版视为一块虚拟的橡皮擦，使用Photoshop中的"橡皮擦工具"可以将照片的像素擦掉，而露出下方图层上的内容，使用蒙版也可以实现同样的效果，但是，真实的"橡皮擦工具"擦掉的像素会彻底丢失，而使用蒙版结合"渐变工具"或"画笔工具"等擦掉的像素只是被隐藏了起来，实际上没有丢失。擦掉之后，部分像素被隐藏，同样会露出下方图层的内容。打开如图4-66所示的照片。

图4-66

在"图层"面板中可以看到图层信息，这时单击"图层"面板底部的"创建图层蒙版"按钮，为图层添加蒙版，如图 4-67 所示。初次添加的蒙版为白色的空白缩览图，这里将蒙版变为白色、灰色和黑色三个区域同时存在的样式，如图 4-68 所示。

图 4-67

图 4-68

此时观察图 4-69 所示的画面，就会看到白色的区域像一层透明的玻璃覆盖在原始照片上；黑色的区域相当于用"橡皮擦工具"彻底将像素擦除，露出下方空白的背景；而灰色的区域处于半透明状态。这与使用"橡皮擦工具"直接擦除右侧区域、降低不透明度擦除中间区域所能实现的画面效果是完全一样的，但使用蒙版通过蒙版颜色深浅的变化同样实现了这样的效果，并且从图层缩览图中可以看到，原始照片缩览图并没有发生变化，将蒙版删掉以后，依然可以看到完整的照片，这也是蒙版的强大之处，它就像一块虚拟的橡皮擦一样。

图 4-69

如果对蒙版制作一个从纯黑到纯白的渐变，此时蒙版缩览图如图 4-70 所示。可以看到，照片变为从完全透明到完全不透明的平滑过渡状态。从蒙版缩览图中看，黑色完全遮挡了当前的照片像素，白色完全不会影响照片像素，而灰色则会让照片处于半透明状态，如图 4-70 所示。

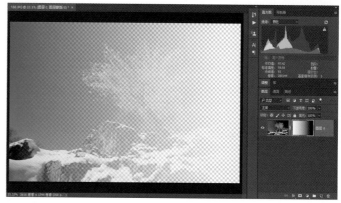
图 4-70

蒙版与选区的关系

下面来看蒙版与选区的关系。有这样一种说法，认为蒙版也是选区。其实，经过前面的学习，也能够想象到，如果利用选区在蒙版内填充黑色，那么选区内的部分就会变为透明状态，相当于将选区内的照片像素擦掉了。当然，这只是虚拟的擦拭。下面通过具体的案例来验证蒙版与选区的关系。打开如图 4-71 所示的照片。

在工具栏中选择"钢笔工具"，将模式设置为"路径"，因为对于这种弧度比较理想的对象，使用"钢笔工具"能够建立非常精确的路径，如图 4-72 所示。

图 4-71

图 4-72

在建立好的路径内单击鼠标右键，弹出快捷菜单，选择"建立选区"命令，如图 4-73 所示。打开"建立选区"对话框，在其中设置"羽化半径"为"1 像素"，然后单击"确定"按钮，如图 4-74 所示。

图 4-73

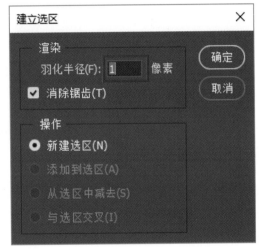

图 4-74

图 4-75

此时建立的路径就会变为一个精确的选区，如图 4-75 所示。

在"图层"面板底部单击"创建图层蒙版"按钮，为图层创建蒙版，此时观察主体区域对应的蒙版缩览图上呈白色，表示完全不透明，而主体外的区域变为纯黑，相当于变为透明状态，将主体外的背景区域彻底擦掉了，如图 4-76 所示。现在有一个问题，蒙版中白色区域的主体区域其实也是建立选区的部分，即此时的蒙版只是对选区建立的，选区与蒙版是对应的关系。

那么怎样在选区与蒙版之间进行切换呢？其实也非常简单，只要在蒙版缩览图上单击鼠标右键，在弹出的快捷菜单中选择"添加蒙版到选区"

命令，如图 4-77 所示，就可以将蒙版转换为选区。
当然，还有一种办法，按住键盘上的 Ctrl 键单击
蒙版缩览图，鼠标光标下方出现虚线框标记，这
表示将蒙版载入到选区，如图 4-78 所示。

　　将蒙版载入到选区后的画面效果在 Photoshop
主界面中就可以看到，如图 4-79 所示。

图 4-76

图 4-77

图 4-78

图 4-79

　　在"历史记录"面板中返回刚建立选区的步骤，然后在选区内单击鼠标右键，弹出快捷菜单，选择"羽
化"命令，弹出"羽化选区"对话框，在其中将"羽化半径"值设置为"100 像素"，然后单击"确定"按钮，
如图 4-80 所示。此时可以看到选区明显被羽化了，边缘一些折角区域变得更加平滑，如图 4-81 所示。

图 4-80

图 4-81

这时在"图层"面板底部单击"创建图层蒙版"按钮，为图层创建蒙版，此时的蒙版缩览图及画面效果如图 4-82 所示。之所以出现这种情况，是因为对当前选区进行了羽化，此时的选区边缘是柔性的，它从选区外到选区内的过渡变得比较平滑，不再是生硬的选区边缘了。

同样的，可以再次在蒙版缩览图上单击鼠标右键，在弹出的快捷菜单中选择"添加蒙版到选区"命令，或按住键盘上的 Ctrl 键，同时单击蒙版缩览图，再次载入选区。可以看到，此时的选区与羽化后的选区是完全一样的，如图 4-83 所示。

图 4-82

图 4-83

从以上操作可以看出，既可以说蒙版是一个虚拟的橡皮擦，也可以说蒙版就是选区，它与选区有非常强烈的对应关系，这样就可以考虑利用蒙版进行抠图操作。

快速蒙版

下面通过对照片的实际操作来介绍各种不同蒙版的使用方式。首先打开一张照片，如图 4-84 所示。想要将照片中的建筑物区域抠取出来，先在工具栏中选择"快速选择工具"，将天空和水面选择出来，有些边缘位置的选择不够准确也没关系。

因为建立选区是针对天空及水面的，因此在菜单栏中选择"选择"|"反选"命令，或按键盘上的 Ctrl+Shift+I 组合键，也可以反选选区，如图 4-85 所示。

图 4-84

图 4-85

这样就为建筑物区域建立了选区。然后，在工具栏中单击"以快速蒙版模式编辑"按钮，这样可以为选区建立一个快速蒙版。建立快速蒙版之后，"图层"面板中的缩览图也会发生变化，呈红色。照片中选区外的部分也会以单独的颜色呈现，当然这种颜色可以设置。除了单击工具栏中的"以快速蒙版模式编辑"按钮创建快速蒙版，还可以在英文输入法状态下按键盘上的 Q 键直接创建快速蒙版，如图 4-86 所示。

图 4-86

切换到"通道"面板，在该面板下方可以看到快速蒙版的通道，该通道不会对照片原有的信息进行任何破坏，它存在的主要目的是为了存储选区，如图 4-87 所示。

从快速蒙版的缩览图中可以看到，选择出来的建筑物区域呈白色，这也是一般情况下各种不同蒙版存储选区的方式，白色表示选区内的部分，黑色表示选区外的部分。在使用"色彩范围"等功能进行抠图时，也是这样表示的。至于选区之外区域的颜色显示，可以通过双击快速蒙版通道的空白处，弹出"快速蒙版选项"对话框，单击"颜色"色块，弹出"拾色器"对话框，在其中可以设置蒙版之外区域显示的颜色，并且还可以调整该颜色的"不透明度"。例如，这里将"不透明度"值设置为 50%，那么此时蒙版外的区域显示的颜色为半透明状态。设置完成后，单击"确定"按钮返回，如图 4-88 所示。此时，可以看到蒙版之外的区域显示为洋红色。

图 4-87

图 4-88

因为最初使用"快速选择工具"建立的选区并不十分精确，一些建筑物区域被排除到了选区外，一些水面及天空区域被纳入到选区内。若要进行调整，可以通过调整蒙版黑白区域的分布来改变选区，因为白色表示选中状态，黑色表示排除状态。使用工具栏中的"画笔工具"，分别设置为白色画笔和黑色画笔，对选区进行加减。此外，还要清楚一点，使用"画笔工具"涂抹不会改变照片原有像素，使用"画笔工具"进行涂抹，是在照片蒙版上进行操作的，而不是在原始照片上进行操作的。所以，针对照片中建筑物区域被排除到了选区之外及水面被纳入到选区内的问题，可以在工具栏中选择"画笔工具"，将"前景色"设置为白色，在漏掉的建筑物区域进行涂抹，将该区域涂抹为白色，表示将这部分纳入到选区。可以看到，洋红色的建筑物区域也变为正常颜色，如图 4-89 所示。

涂抹后可以看到，中间被排除在选区外的建筑物区域被纳入了选区，但有一部分水面区域也被纳入了选区，没关系，后续再进行调整，如图 4-90 所示。

图 4-89

图 4-90

继续选择"画笔工具"，将"前景色"设置为黑色，这时在蒙版上涂抹，就表示将蒙版对应区域涂抹为黑色，相当于将其排除在选区之外，呈现在主界面中。这时缩小"画笔工具"的直径，在多包含进来的水面区域进行涂抹，可以看到，随着涂抹，水面区域变为了洋红色，表示水面区域被排除在选区之外，如图 4-91 所示。

经过对一些边缘部分进行精确的涂抹或调整，此时的选区与选区外的状态如图 4-92 所示，正常显示的像素为选区内，洋红色区域为选区外，在通道蒙版中，就是选区内为白色，选区外为黑色。

图 4-91

图 4-92

图 4-93

这时，单击工具栏中的"以快速蒙版模式编辑"按钮，或在英文输入法状态下按键盘上的 Q 键，退出快速蒙版模式，即可看到选区的状态，如图 4-93 所示。虽然调整选区边缘可以直接在选区内操作，但这里为了介绍快速蒙版的使用技巧，是在快速蒙版中对选区进行调整的，由此也可以看出蒙版与选区的对应关系。

图层蒙版

下面介绍后期处理使用得最广泛、最重要的蒙版——图层蒙版。打开一张照片，在右下方的"图层"面板中单击"创建图层蒙版"按钮，就可以为当前图层创建蒙版，如图4-94所示，而在实际应用中，往往会在两个图层的上方图层中创建蒙版，如图4-95所示，因为这样才能够实现通过控制蒙版，将两个图层进行合成。

图4-94　　　　　　　　　　　图4-95

接下来利用"矩形选框工具"为图层蒙版建立3个选区，并为3个选区填充黑色、灰色及白色。当然，这里有一个前提，就是在操作之前要先选中蒙版，然后再使用"矩形选框工具"在照片中建立选区，并进行填充，这样才能确保操作是针对蒙版的。此时，可以看到黑色的选区已经变为透明，相当于将上方图层的选区擦掉了，灰色的选区变为半透明状态，相当于进行了不透明的擦除，如图4-96所示。

图4-96

如果使用从黑到白的"渐变工具"，针对蒙版创建渐变，那么此时它叠加的方式就比较理想了。可以看到从黑到白的过渡非常平滑，两者无缝地拼合了起来，这是一种简单的合成，如图4-97所示。

图4-97

其实，通过上述操作，可以发现，对于蒙版的操作，可以通过填充黑色、白色等来进行操作，也可以使用"渐变工具"让蒙版发生"黑—白"的渐变，还可以使用"画笔工具"在蒙版上涂抹，让透明及不透明的区域更加符合我们的要求，实现照片的合成效果。

下面将另外一张人像照片拖动到"背景"图层上，此时的图层分布及画面显示如图4-98所示。

图4-98

选中上方的图层，即人物图层。在菜单栏中选择"编辑"|"自由变换"命令，可以对上方的图层进行位置的移动及照片大小的调整。调整好位置及大小之后，如图 4-99 所示，按键盘上的 Enter 键就可以完成调整了。

在"图层"面板中选中人物图层，为人物图层创建蒙版，如图 4-100 所示。

图 4-99   图 4-100

选择"快速选择工具"，然后在"图层"面板中选中上方的人物图层缩览图。注意：此处不是选中蒙版，因此可以为人物的背景部分建立一个选区，如图 4-101 所示。

图 4-101

在选区上单击鼠标右键，在弹出的快捷菜单中选择"填充"命令，如图 4-102 所示。

图 4-102

在弹出的"填充"对话框中，设置"内容"为"颜色"，并将"颜色"设置为黑色，然后单击"确定"按钮，如图 4-103 所示。

图 4-103

图 4-104

这样就为选区内的区域填充了黑色，相当于让这部分变为了透明状态。这时从照片主界面中可以看到背景部分被隐藏了，从蒙版的状态也可以看到，背景区域变为了黑色，而保留部分是白色不透明的，如图4-104所示。这种填充由于边缘部分有些问题，填充得不彻底，隐约可以看到边线。

图 4-105

此时在工具栏中选择"画笔工具"，设置"前景色"为黑色，设置合适的画笔直径大小，在边线位置进行涂抹，将边线也涂抹为黑色，这样就可以将填充不彻底的边线也隐藏起来，如图4-105所示。

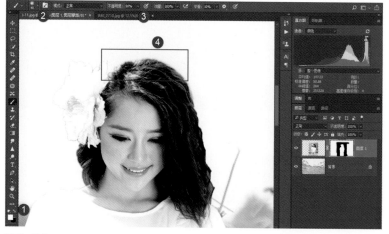

图 4-106

如果将人物边缘部分不小心排除掉了的一部分，还可以将"前景色"设为白色，适当缩小画笔直径的大小，降低"不透明度"值，在人物的发丝边缘涂抹，将排除掉的发丝边缘部分追回来，如图4-106所示。这种追回主要是通过填充为白色完成的，相当于将其添加到选区来实现的。

再来看图层蒙版的另外一种应用。在如图 4-107 所示的照片中，天空比较平淡乏味，地景却比较理想，可以准备另外一张天空比较精彩的照片，如图 4-108 所示。

图 4-107

图 4-108

使用"移动工具"将天空素材照片拖动到地景照片上方，这样就变为了两个图层，此时天空素材在上面，如图 4-109 所示。

选中上方的天空图层，在菜单栏中选择"编辑"|"自由变换"命令，可以调整上方天空图层的大小，让天空图层覆盖地景图层，如图 4-110 所示。

图 4-109

图 4-110

图 4-111

在调整天空图层的大小及位置时，可以将上方天空图层的"不透明度"值适当降低，这样可以隐约地露出地景图层，便于对齐上下两个图层的天际线，如图 4-111 所示。

调整好天空素材的位置以及大小之后，按键盘上的 Enter 键完成调整，然后为上方的天空图层创建一个蒙版，如图 4-112 所示。

图 4-112

这时先单击创建的图层蒙版，然后在工具栏中选择"渐变工具"，设置"前景色"为黑色、"背景色"为白色，设置渐变样式为"线性渐变"，然后在天际线位置从下向上拖动，这样可以看到蒙版缩览图下方被填上了黑色，而上方依然是白色，所以天空素材的上方天空部分依然是不透明的，保留下来了，而天空素材的下方因为填充了黑色，相当于被隐藏了，这样两个图层就被很好地融合在了一起，操作过程及画面效果如图 4-113 所示。

图 4-113

因为天际线附近并不是平坦的水平线，所以有一些凹凸不平的部分可能也会被蒙版当中的灰色部分遮挡。这时依然要单击蒙版图层，在工具栏中选择"画笔工具"，将"前景色"设为黑色，使天空素材在天际线附近一些灰色被遮挡的部分也变为纯黑，将地景图层对应的部分显示出来，如图 4-114 所示。

图 4-114

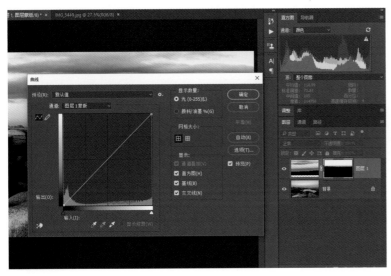

如果发现图层从黑到白的过渡太柔和，而使天际线附近显得灰蒙蒙的，还可以选中蒙版图层，在菜单栏中选择"图像"|"调整"|"曲线"命令，打开"曲线"对话框，对图层的黑白状态进行曲线调整，如图 4-115 所示。

在曲线上创建锚点，降低蒙版的亮度，相当于强化了对比度，这样就可以使天际线附近的过渡更加硬朗，而不会灰蒙蒙的，曲线形状及画面效果如图 4-116 所示。

图 4-115

此时，从"图层"面板中的蒙版缩览图中也可以看到黑白的过渡更加明显，这是通过曲线调整实现的，如图 4-117 所示。

图 4-116

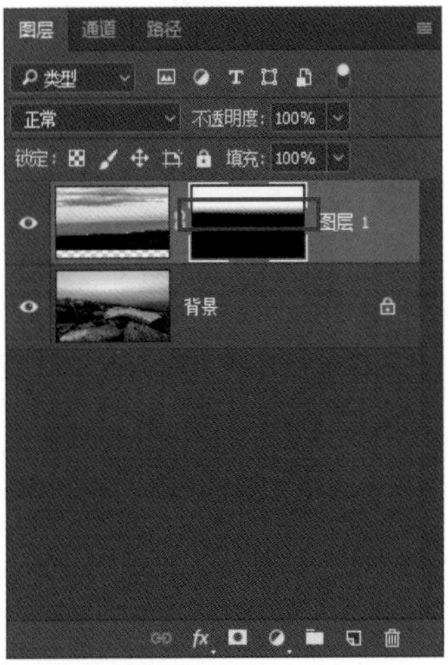

图 4-117

从这个案例可以看出，借助图层蒙版，可以实现照片的无缝合成，几乎没有一点合成的痕迹，效果非常自然。当然图层蒙版的应用不止于此，后面还将介绍更多的图层蒙版应用技巧。

4.4 通道

无处不在的通道

说到通道，虽然看起来抽象，但却并不难理解。如图 4-118 所示，一束自然光线经过玻璃材质的三棱镜之后，因为玻璃针对不同光谱的折射率不同，会将自然光线中不同色彩的光谱分离开来，最终投射到墙壁上时，可以产生红、橙、黄、绿、青、蓝、紫（也可以称为洋红）7 种不同的色彩。而将这 7 种不同的色彩继续进行分解，会发现一个比较有意思的现象，即除红、绿、蓝之外，其他色彩又可以被再次分解，分解出来的最终光线也是红、绿、蓝。总结起来，即自然界中的光线，只有红、绿、蓝 3 种终极颜色，其他的所有色彩，包括白色，都是由红、绿、蓝按照不同的比例混合而成的，如图 4-119 所示为红、绿、蓝三色混合叠加之后产生的一个色彩图谱。

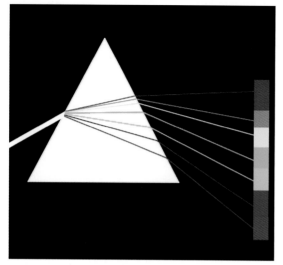

图 4-118

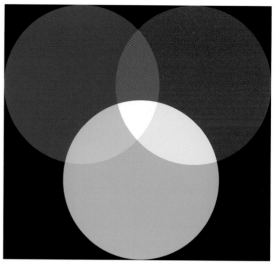

图 4-119

在后期处理软件中，一种色彩可以被存储在一个单独的通道中，类似于图层。后期处理软件没有必要将所有的色彩都建立一个对应的通道，只需要将红、绿、蓝分别建立通道就可以了，因为其他的橙色、黄色、青色、洋红等色彩都可以通过这 3 个最基本的色彩通道混合出来。在 Photoshop 中打开三原色的叠加图，然后切换到"通道"面板，此时

可以看到，确实只有红、绿、蓝 3 个单色通道，如图 4-120 所示。

在通道中，用纯白表示该通道颜色的含量高低，比如"红"通道，红色会以纯白来表示，其他的色彩及背景的黑色都是黑色的，绿色和蓝色也是这样，这是一种比较理想的色彩分布。

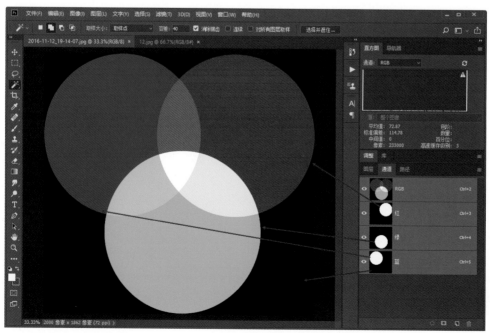

图 4-120

但在实际应用中，色彩往往并不是这样单纯的。如图 4-121 所示为色彩分布状态图，每一种色彩只有很少一部分是纯色的，其他都是一些混合色，并且色彩的饱和度高低各有不同。切换到"通道"面板，在其中可以看到红色部分仍然是高亮状态，而红色向两边辐射的部分，随着红色所占比例的降低，也开始变暗。绿色和蓝色亦如此。唯一不变的是色轮的背景是白色的，它在通道当中始终显示为白色。

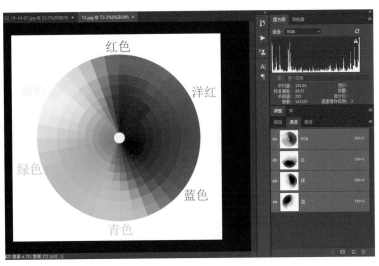

图 4-121

不同的色彩在通道当中呈现出的黑白状态，非常容易让人联想到在蒙版中以黑、白、灰表示的选区，白色表示选中的区域，黑色表示排除或者擦除的区域。基于这个特性，我们也可以想象，其实通道也可以用于选择对象，以及建立选区。下面来看一个案例。打开如图 4-122 所示的一张夜景照片，切换到"通道"面板，可以看到 3 个单色通道。

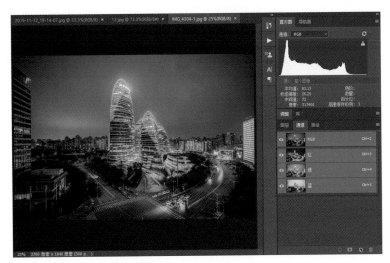

图 4-122

隐藏 RGB 通道，以及"绿"和"蓝"通道，只显示"红"通道。从主界面中就可以看出，因为天空是蓝色的，其中几乎没有任何红色像素，因此蓝色的天空部分就呈黑色，慢慢向街道方向观察，灯光照亮的部分是有一定量的红色的，所以颜色变亮，表示红色的成分开始变多。换句话说，通道是以颜色的深浅来表示该种颜色含量的高低的。从直方图中也可以看到，选择"红"通道之后，直方图上红色比较暗淡，如图 4-123 所示。

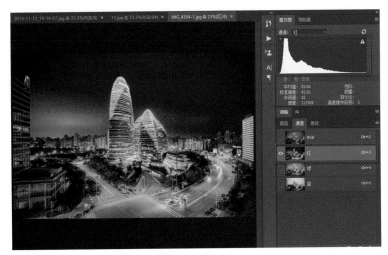

图 4-123

切换到"蓝"通道。因为蓝色的天空面积很大，所以从"蓝"通道中也可以看到，整个天空亮度是比较高的，从直方图当中也可以看到蓝色像素比较多，如图 4-124 所示。这里，其实展示了两个知识点，一个是通道中在展示颜色时用灰度的明暗表示某种颜色信息的多少。事实上，通道另外一种存在形式是在直方图中，选择不同的色彩通道，就会显示不同的直方图。

图 4-124

另外，在一些调色功能中，比如，打开"色阶"调整对话框，在中间位置也可以看到"通道"这一功能设置，展开其下拉列表，可以看到 RGB 和"红""绿""蓝"三原色这 4 个通道，如图 4-125 所示。

打开"曲线"调整对话框，同样也可以看到这些通道，如图 4-126 所示。

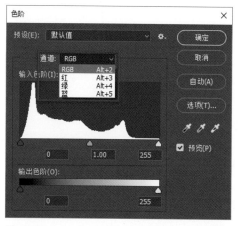

图 4-125

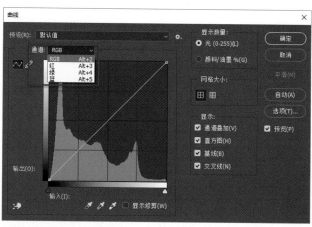

图 4-126

再打开"色相 / 饱和度"对话框，如图 4-127 所示。在其中会发现色彩通道更多，这样就可以对色彩进行更准确的调整。

从以上内容可以看出，通道的应用是比较广泛的，它既可以结合像素明暗的显示来进行选区的建立或者抠图等操作，也可以在不同的调色功能中选择不同的色彩通道，对这个色彩通道进行更改，来实现对照片的调色。

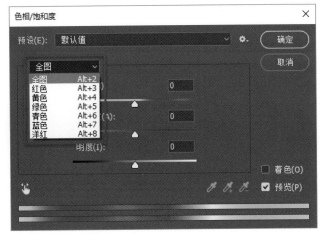

图 4-127

通道的用途

下面验证通道的具体用途。依然是打开夜景照片，然后在菜单栏中选择"图像"|"调整"|"曲线"命令，打开"曲线"对话框，如图 4-128 所示。设置"通道"为"绿"，显示绿色的通道曲线，然后在曲线上单击，创建一个锚点，并向下拖动绿色曲线。

此时观察照片可以看到路面等部分变得偏洋红色或者偏紫色，这种情况是由混色原理决定的，因为绿色与洋红色混合会产生白色或者无色，即标准光线下的照片画面。减少了绿色的比例，就相当于增加了洋红的比例，画面自然会变得偏洋红色，如图 4-129 所示。这个简单的例子告诉我们，借助不同的通道，可以进行快速而精准的色彩调整。当然，关于混色原理的知识，读者可以参考本套教程中的影调与调色相关章节。

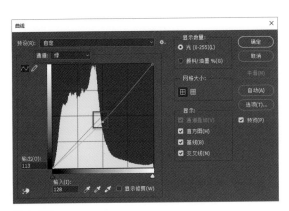

图 4-128

图 4-129

通道的另外一个作用是抠图。在这张照片中，切换到"通道"面板，选择"红"通道，并隐藏其他通道，这样主界面中显示的就是红色通道的内容，亮的部分表示红色的占比比较高，暗的部分表示红色的占比比较低。在"通道"面板底部单击"将通道作为选区载入"按钮，就为照片中的红色区域建立了选区，如图 4-130 所示，这样也可以实现选区的建立，从而进行后续的抠图等操作。

图 4-130

第5章
影调

影调决定了摄影创作所能达到的高度，因为影调能够在一定程度上帮助并强化构图。此外，影调还可以起到渲染氛围、表达情感的重要作用。对于艺术创作来说，表达情感是最为重要的一个目的，从这个角度来说，影调的重要性就不言而喻了。

5.1 找到正确的影调

肉眼直接观察照片的影调有时并不客观，后期处理软件提供的直方图可以帮助我们更加客观、准确地衡量照片的影调。本节介绍怎样正确认识和理解直方图，以帮助我们对照片的影调做出更合理的修饰。

快速了解直方图

在 Photoshop 中打开一张照片，这时在 Photoshop 主界面的右上角可以看到"直方图"面板，如图 5-1 所示。在直方图中，有绿色、蓝色、黄色、红色等不同的波形，那么究竟哪一种颜色的直方图对应着照片的明暗呢？其实，这些彩色的直方图都无法准确衡量照片的明暗。

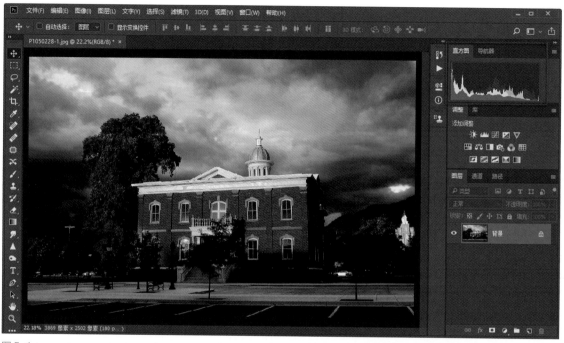

图 5-1

在"直方图"面板的右上角单击"扩展"按钮，在打开的扩展菜单中选择"扩展视图"命令，如图 5-2 所示。在"直方图"面板中切换到"明度"通道，如图 5-3 所示。此时的明度直方图才能够准确反映照片明暗影调层次的分布状态。

将一个从纯黑到纯白的渐变条放在直方图下方，就能解释直方图波形的具体含义。直方图位于一个方框内，方框从左到右对应的是从最黑到最亮的影调分布。

也就是说，"直方图"面板中方框最左侧对应的是纯黑，最右侧对应的是纯白，从纯黑到纯白共有 256 级亮度，纯黑的亮度为 0，纯白的亮度为 255。这 256 级亮度就构成了照片由暗到明影调层次的平滑过渡。直方图的高度代表某一个亮度像素的多少，最终构成了完整的直方图波形，如图 5-4 所示。

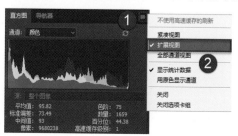

图 5-2

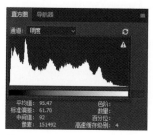

图 5-3

图 5-4

为什么从最黑到最白有256级亮度呢？在正常情况下，照片的位深度是8位（从照片标题栏中就可以看到，是8位RGB色彩），而计算机存储的数据是二进制的，那么总共的亮度变化就是2的8次方，总共有256个级别。设置最黑为0，最白是255，正好是0～255，一共有256级亮度。

基本上256级亮度就能够让我们看到明暗影调层次非常丰富、过渡平滑的效果。

针对打开的这张照片，可以大致分析一下，照片一般亮度的部分像素最多，在直方图中主要集中在中间位置；最暗的部分主要对应着树荫等暗部；亮部对应的是天空的一部分云层，以及很少部分亮度很高的建筑部分，如图5-5所示。

图 5-5

在直方图的右上角，有个▲标记，即高速缓存，如图5-6所示。高速缓存的级别越低，照片画质显示越细腻。但是，在调整照片时，它的刷新速度是非常慢的。此外，还要注意一点，在高速缓存时，直方图反映的并不是100%准确的照片明暗状态。

单击该按钮取消高速缓存后，直方图是有一定变化的，特别是直方图下方的参数，变化更大，如图5-7所示。取消高速缓存后的直方图，才能准确地与照片明暗效果对应起来。

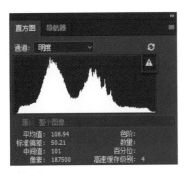

图 5-6

图 5-7

直方图的属性

在"直方图"面板右上方，打开折叠菜单，可以看到有多种视图模式，如图 5-8 所示。一般来说，"全部通道视图"模式能够显示最多的信息，但是展开的子面板很多，无法很好地使用"调整""图层"等面板。所以通常情况下，只要配置为"扩展视图"模式就可以了。

设置为"扩展视图"后，在"通道"下拉列表中可以选择多种直方图显示方式。如果要对影调进行调整，那么设置为"明度"直方图是最合理的，如图 5-9 所示。

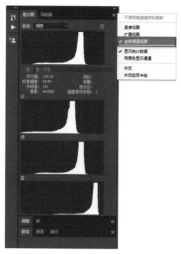
图 5-8

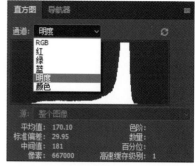
图 5-9

此外，我们还应该了解另外两种直方图，分别是"颜色"直方图（如图 5-10 所示）和"RGB"直方图（如图 5-11 所示）。

对于"颜色"直方图，各种单色的直方图对应的是照片中不同色彩的明暗状态。例如，绿色的直方图表示这张照片中绿色像素的亮度是比较合理的，主要集中在中间亮度区域，而红色像素则有一些问题，暗部出现了损失，也就是说，暗部损失的像素主要是红色像素。这是"颜色"直方图告诉我们的，但"颜色"直方图并不能准确对应照片的明暗。

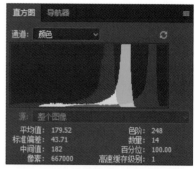
图 5-10

"RGB"直方图是指将各种不同颜色的单色直方图在某一个位置的亮度相加，再取平均值所得到的波形。例如，在本照片中，纯黑的暗部只有红色像素有损失，而绿色、黄色等像素没有损失。假设暗部的红色像素损失了 100 个，其他颜色的像素没有损失，最终取平均值后，最终显示的"RGB"直方图中暗部依然是有损失的，但事实上，如果从照片明暗影调的角度来说，暗部依然能够显示信息，虽然没有红色了，但暗部有其他颜色的信息，它们混合起来依然能够呈现出细节，而"RGB"直方图中却显示暗部已经有细节损失了。所以"RGB"直方图也不能准确反映照片的影调层次。

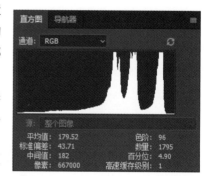
图 5-11

接下来打开一张新照片，设置为"扩展视图"，切换至"明度"直方图，此时在直方图下面会看到一系列参数，如图 5-12 所示。下面介绍这些参数的具体含义。

平均值：画面所有像素亮度的平均值。所有像素的亮度相加，除以总的像素数，结果即为平均值。如果平均值超过了 256 级亮度的 1/2，即 128，那么这张照片就会比标准影调稍微亮一点。本照片当中的平均值为 170.10，说明这张照片从直方图来看是偏亮的。

标准偏差：它是统计学的概念，这里无须深入研究。

中间值：是指将所有像素亮度进行总的排名后，排名位于正中间的像素亮度值为 181，高于中性灰的 128，从这个角度也说明照片相对较亮。

像素：是指所打开的这张照片总共的像素数。

色阶：即某一级的亮度。当前显示的亮度范围是 163～196，这表示我们在直方图中选择了亮度在 163～196 范围内的像素。

数量：亮度在 163～196 范围内的像素，总共有 544 381 个。

百分位：即该像素占据画面总像素的百分比。

图 5-12

高速缓存级别：前面已经介绍过高速缓存的意义。其实不使用高速缓存时，其级别就是 1。

影调分布与直方图

在初步认识和理解了直方图之后，下面通过直方图与照片的具体状态来进一步加深对直方图的理解和掌握。

一般来说，影调层次合理的照片，其直方图像素主要集中在中间亮度区域，靠近最左侧边线的最暗位置和靠近最右侧边线的最亮位置，像素相对要少一些，如图 5-13 所示的这个画面效果，相对来说影调层次就是比较合理的。

再来看如图 5-14 所示的这种情况。从直方图来看，右半部分几乎没有像素。也就是说，高亮度的像素很少，而低亮度的像素很多，表示照片整体是偏暗的，从画面来看也是这样的。这种向左坡度比较大的直方图一般对应的是曝光不足的照片。无论曝光不足还是曝光过度都是影调层次不合理的。

图 5-13

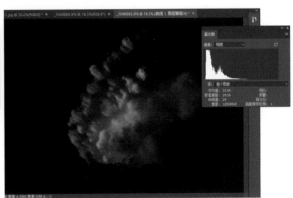

图 5-14

对照片进行调整之后，从如图 5-15 所示的直方图可以看到，直方图已经触及了右侧边线，这表示在亮度为 255 的纯白位置有大量像素堆积，即表示照片产生了高光溢出。此外，直方图偏右的区域整体看来像素比较多，也就是说，照片是相对比较明亮的，这种直方图一般对应的照片是曝光过度的。从画面来看确实如此，照片呈过曝的状态。

从如图 5-16 所示的直方图来判断，左侧的暗部像素非常多，右侧的亮部像素同样非常多，而一般亮度区域的像素又非常少。通过直方图的分析，说明照片的对比度很高，从最暗到最亮，影调层次跳跃性很大，过渡不够平滑。这种照片的问题反差太大。

图 5-15

图 5-16

从如图 5-17 所示的直方图来判断，左侧的暗部
纯黑部分像素很少，几乎没有，右侧的亮部区域像
素也很少，像素主要集中在一般亮度区域。如果按
照之前介绍的思路，是否可以认定这张照片是没有
问题的呢？答案并非如此。一张理想的照片，虽然
要求极黑与极亮的区域像素要少一些，但绝不能没
有，而从当前的直方图来看，它的暗部像素几乎完
全没有，亮部像素也同样如此，因此可以说照片不
是全影调的，即残缺了暗部与亮部，这种照片往往
对比度不够，给人的感觉是非常枯燥和乏味的。

图 5-17

综合来看，如果照片的影调比较合理，那么它对应的直方图应该是全影调的，即从最暗的 0 级亮度到最
亮的 255 级亮度都有像素分布，并且大部分像素亮度都处于一般亮度状态，处于极暗和极亮区域的像素比较少。
有时即使直方图的波形不错，但如果缺乏某些亮度的像素，那么直方图也是不合理的。

5.2　创意性的影调

下面来看如图 5-18 所示的情况。从照片的直方图来看，这属于严重曝光不足的照片。但其实从画面来看，
这是一种利用点测光营造的低调照片效果。在低调照片中，就是要以深色甚至黑色的像素填充整个画面，一
般亮度或高亮像素非常少，这种照片的影调层次非常少。这也是一种直方图不合理，但画面却非常有创意的
画面效果。

同样的，对于这种低调效果的照片，在拍摄一些夜景及深灰色、黑色的题材时会经常遇到。

再来看如图 5-19 所示照片的直方图，从直方图中可以看到，从左侧最暗到右侧最亮区域均有像素分布，
但像素大部分集中在偏亮的位置。也就是说，照片中大部分像素的亮度都是比较高的。通过直方图的分析，
可以说这张照片应该是过曝的，影调层次不合理。但其实从整个画面来看，又会让人觉得这张照片比较合理，
比较漂亮，这是一种高调的画面效果。也就是说，在表现一些比较高调的画面时，即使直方图显示它处于过
曝状态，也是合理的。

除本示例照片，还可以设想一下，有哪些场景会拍到直方图显示有问题，但照片又比较合理的画面。其实，
在一些亮度非常高的场景中，如拍摄阳光强烈的夏日海滩或拍摄雪景，都很容易拍到这种画面整体看似过曝，
但又非常漂亮的画面效果。

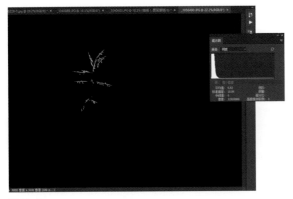

图 5-18

图 5-19

从如图 5-20 所示的直方图来判断，左侧的暗部像素非常多，右侧的亮部像素也非常多，而一般亮度区域的像素又非常少。这说明照片的对比度很高，从最暗到最亮，它的影调层次跳跃性很大，过渡不够平滑。这种照片在本章的开头介绍过，是有问题的。在一种非常常见的场景中，我们经常会见到这种直方图，即拍摄日出与日落景色时。从画面效果来看，这张逆光的日落照片，虽然影调层次看似不合理，但画面却是漂亮的。

就本案例来说，虽然从直方图看照片的反差非常大，但依然存在一般亮度的像素。在实际的拍摄中，我们甚至会遇到很多亮部亮度级别很高，暗部几乎变为纯黑的一些直方图，这种直方图往往对应的是一些剪影照片。

从如图 5-21 所示的直方图判断，照片缺乏明显的暗部及高光像素，像素堆积在直方图的中间部位，说明画面的对比度很低，灰蒙蒙的，是动态范围不足的一种表现。根据之前介绍的原理，我们认为这种照片的影调层次是有问题的。

从画面效果来看，确实对比度很低，但感受整个照片，就会让人觉得，这就是照片合理的状态，这种状态表现出了一种非常融合、优美的画面意境。也就是说，动态范围不足的直方图，也并不都是有问题的，有时可以营造一种比较朦胧、轻柔的画面意境。这在拍摄一些雨景、雾景及其他一些雾霾比较重的场景时经常遇到。

初学者特别容易犯这样的错误，即拿到一张照片后，往往会大幅度提高对比度，强化反差，来丰富影调层次，但面对一些比较特殊的情况，低对比度的朦胧状态反而更能够塑造画面优美的意境。

图 5-20

图 5-21

在人像摄影中，日系小清新类的题材，直方图大多是右坡型的，直方图显示照片稍稍过曝，但事实上这种画面的效果是比较理想的，如图 5-22 所示。

同样是人像写真，有时在室内可以营造一种低调的光影效果，让画面富有光影变化的魅力，营造不同的画面情感，如图 5-23 所示。这种照片的直方图波形，一定是左坡型的看起来是曝光不足的。

图 5-22

图 5-23

5.3 用曲线修片之一：影调优化

曲线是最基本也是最重要的工具，通过曲线可以实现照片影调、色调等全方位的调整。另外，对于照片影调的调整，曲线也是最能帮助我们理解明暗影调调整原理的一项功能。

在 Photoshop 中，打开要处理的照片，如图 5-24 所示。

图 5-24

按键盘上的 Ctrl+J 组合键，复制一个图层，这样在"图层"面板中可以看到"背景"图层和复制生成的"图层 1"。选中"图层 1"，然后在菜单栏中选择"图像"|"调整"|"曲线"命令，如图 5-25 所示，打开"曲线"对话框。

这里要注意的是，之所以在修片之前要先复制一个图层，是因为要对复制的图层进行调整，"背景"图层主要作为原照片的备份，避免对照片修改之后彻底破坏了原始图像。

图 5-25

接下来，就可以在"曲线"对话框中对照片进行调整了。

其实，此时的"背景"图层仍然保持照片的原始状态。调整完照片的影调层次后，在"图层"面板的底部单击"创建图层蒙版"按钮，这样可以为"图层1"创建图层蒙版，如图5-26所示。这样，就可以使用"画笔工具""渐变工具"等对蒙版进行操作，擦掉新处理的某些部分，使"图层1"与"背景"图层进行叠加，最终得到画面整体影调与局部细节都比较理想的画面。

上述调整过程是一种非常原始的处理方法，虽然非常原始、笨拙，但却比较清晰地展示了后期处理的过程，有利于读者理解和掌握曲线修片的思路和原理。

图5-26

利用"曲线"优化明暗影调

下面介绍另外一种正确的非常完美的修图方式。当然，同样是通过曲线来完成。

首先，打开"历史记录"面板，在其中选中"打开"这一步骤，如图5-27所示，这样可以返回照片的原始状态。从画面中也可以看到，已经回到照片未处理时的状态。

图5-27

图5-28

图5-29

此时，不要复制图层，而是在"图层"面板底部单击"创建新的填充或调整图层"按钮，在弹出的快捷菜单中选择"曲线"命令，这样就可以创建一个曲线调整图层，如图5-28所示。

除此之外，用户还可以直接在"调整"面板中单击"创建新的曲线调整图层"按钮，如图5-29所示，与通过选择命令的方式来创建曲线调整图层的效果是完全一样的。

此时，"图层"面板中也会生成一个曲线蒙版调整图层，同时会打开"曲线"调整面板，该"曲线"调整面板与从命令菜单中打开的"曲线"对话框虽然形式不同，但其功能是完全一样的，如图5-30所示。

观察照片的直方图，可以看到照片缺乏亮部像素，这时选中曲线右上角的锚点，并按住鼠标左键水平向左拖动。此时，从Photoshop主界面右上角的直方图中可以看到，直方图右侧触及了边线，这表示照片不再缺乏亮部像素了，从照片效果来看，画面亮度也变得合适了，如图5-31所示。

从曲线参数的变化也可以看到，此次的调整是将亮度为193的像素提亮为255。如果反过来理解，即原始照片中最亮的像素是193，照片缺乏193～255范围内的色阶，那么调整过程就是将照片最亮的像素提亮为255。

图 5-30

图 5-31

分析之后发现，中间稍稍偏右一点的位置直方图波形仍然有些偏低，即照片中间调稍稍有些偏暗。这时在中间调位置的曲线上单击，创建一个锚点，如图 5-32 所示。

图 5-32

按住该锚点向上拖
动，可以将中间调提亮，
如图 5-33 所示。

将照片的亮部及中
间调提亮之后，暗部也
会变得过亮，这时只要
在曲线的暗部单击，再
创建一个锚点，选中该
锚点并按住鼠标左键向
下拖动，恢复一下暗部
原本的亮度，优化照片
的暗部层次即可。这时
可以从直方图中看到，
直方图的波形变得理想
了，如图 5-34 所示。

图 5-33

图 5-34

照片暗部纯黑或者
接近于纯黑的像素分布
在照片的不同位置，画
面显得比较沉重，这时
按住左下角的锚点，稍
稍向上移动一点，让暗
部变得轻盈一些，如图
5-35 所示。

此时的画面如图
5-36 所示，与原图相比，
层次合理很多。

图 5-35

图 5-36

在曲线中使用"抓手工具"

在"曲线"调整面板中，还有一个非常有用的功能，即目标选择与调整功能，它在"曲线"调整面板中对应的图标是一个抓手，通常称之为"抓手工具"。下面介绍如何通过"抓手工具"来对照片进行明暗影调的修饰和优化。

首先，打开"历史记录"面板，选中"新建曲线图层"选项，这样可以将照片恢复到初次建立曲线调整图层后的状态，如图 5-37 所示。

双击"图层"面板中的曲线图标，如图 5-38 所示，这样可以再次展开"曲线"调整面板。

图 5-37   图 5-38

首先选中曲线右上角的锚点，并按住鼠标左键水平向左拖动，将照片亮部调整到位，如图 5-39 所示。然后激活左上角的"抓手工具"，激活目标选择与调整功能。

将鼠标指针移动到画面一般亮度的位置，提高这些中间调区域的亮度。按住鼠标左键并向上拖动，这样就可以将该像素的亮度提高。此时，从曲线中可以看到，曲线上生成了对应的锚点，并且由这个锚点带动曲线向上提升，这样就相当于提亮了之前所指示的像素，并由此整体提亮了曲线的亮部，如图 5-40 所示。可以看到，使用"抓手工具"可以更为直观地选中并改变想要调整亮度的像素。

图 5-39   图 5-40

将照片的亮部和中间调调整到位后，将鼠标指针移动到暗部的树木上，按住鼠标左键向下拖动，可以看到在曲线的左下部分生成了一个锚点，并且该锚点带动曲线向下移动。照片的暗部变暗，这样即强化了照片的对比，丰富了照片的影调层次，如图 5-41 所示。

这时用鼠标按住左下角的锚点，稍稍向上移动一点，让暗部变得轻盈一些，如图 5-42 所示。

图 5-41

如果对调整的效果不满意，还可以直接选择曲线上的锚点进行调整。

　　如果想删除某个锚点，那么可以按住该锚点，向中间的曲线框外拖动，拖动到框外后松开鼠标，可以删除该锚点，如图 5-43 所示。

　　按住键盘上的 Ctrl 键，单击曲线上的锚点，也可以删除该锚点。

　　一般来说，调整后的曲线形状要平滑，弧度变化不要太频繁，否则会让画面的色彩及影调失真。如图 5-44 所示，锚点太密集，造成曲线变化坡度太大，使画面的色彩及影调都出现了问题。

　　曲线上最多可以创建 14 个锚点，如图 5-45 所示。

　　但一般情况下，我们不会使用那么多锚点。根据个人经验，一次使用往往不会超过 5 个锚点。

图 5-42

图 5-43

图 5-44

图 5-45

5.4　解析亮度 / 对比度、色阶功能

　　在 Photoshop 中，还有亮度 / 对比度、色阶等几种调整工具，本节分别对它们进行简单的说明。

亮度 / 对比度

　　通常情况下，"亮度 / 对比度"调整是一些初学者在没有掌握曲线等工具时的无奈之选。因为这款工具非常简单，可以快速地对照片的整体影调进行处理。

　　首先打开原始照片，如图 5-46 所示。

　　按照创建"曲线"调整图层的办法，创建一个"亮度 / 对比度"调整图层。

　　"亮度"调整类似于在"曲线"对话框中简单地向上拖动或向下拖动曲线；"对比度"调整则类似于建立 S 形曲线，可以提高照片中间调区域的对比和反差，能够在一定程度上美化照片的整体影调效果，如图 5-47 所示。但也仅止于此，即亮度和对比度功能是比较单一的，无法实现对照片局部影调进行处理的功能。

　　在本例中，照片的反差比较小，所以要提高对比度的值。

图 5-46

图 5-47

适当降低亮度值，避免亮部出现高光溢出的问题，如图 5-48 所示。

如果感觉一次亮度 / 对比度调整的效果不够理想，那么可以再次创建一个"亮度 / 对比度"调整图层，继续强化照片的影调层次，如图 5-49 所示。

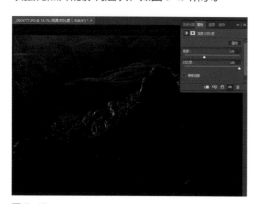

图 5-48

图 5-49

在"亮度 / 对比度"调整面板中，请不要选中"使用旧版"复选框，否则稍稍提高对比度，就容易造成照片高光或暗部的溢出，损失细节。

当然，如果使用旧版，稍稍改变参数值，可能就会达到想要的反差效果，如图 5-50 所示。

对于过曝或者严重欠曝的位置，可以使用"渐变工具"对蒙版进行擦拭，最终做到画质不会有太大损失的前提下，保留较强的反差，让影调层次变得理想，如图 5-51 所示。

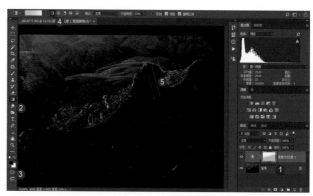

图 5-50

图 5-51

色阶

打开一张要调整的照片,如图 5-52 所示。可以看到照片灰蒙蒙的,影调层次不够理想,接下来通过对这张照片的处理,来介绍"色阶"调整功能的使用技巧。

创建一个"色阶"调整图层,如图 5-53 所示。

图 5-52

图 5-53

在打开的"色阶"调整面板中要注意其中相关参数的含义。

"输入色阶"对应的是刚打开的原始照片;"输出色阶"对应的是照片调整后的效果。在"色阶"调整面板中对照片进行影调的调整时,主要通过拖动底部的三角滑块来进行。比如,将白色滑块向左拖动,此时的输入值(亮度值)为 189,而"输出色阶"中的白色滑块亮度为 255,这就表示将原照片(输入)亮度为 189 的像素都提亮为了 255,即对照片的亮部进行了提亮操作;将黑色滑块向右移动,"输入色阶"值为 12,"输出色阶"值为 0,表示原始照片最暗的像素为 12,现在将其压暗为 0,这样就将不够理想的原始照片的色阶调整为了 0 ~ 255 的全色阶范围。此时的"色阶"调整面板和照片效果如图 5-54 所示。

下面再来看中间调滑块的使用方法。这个灰色滑块主要对应照片中间调区域的明暗走向。灰色滑块位于偏左位置时,照片整体偏亮;其位置偏右时,照片变暗。这时只能靠着自己的视觉感受去调整。中间调的控制与屏幕的准确率有极大关系,如果显示器经过了专业校准,那么就可以比较合理地掌控整张照片的中间调,否则很有可能就是在盲目地调整,只能靠视觉感受。

本例中,稍稍将中间调的灰色滑块向右拖动一点,到 0.7 的位置,照片会整体偏暗一些,影调层次会变得更明显,如图 5-55 所示。

图 5-54

图 5-55

第一次重新定义高光时，将原始照片最亮的 189 像素提亮为 255，此时天空的黄色像素就会损失掉，变得有些死白。这时选择"画笔工具"，将"前景色"设置为黑色，适当调整画笔直径大小和不透明度，在死白的位置进行擦拭，还原原有的亮度，如图 5-56 所示。

图 5-56

经过擦拭，照片整体及局部的影调就都比较合理了，但擦拭部位与周边的过渡不太理想。此时双击蒙版图标，可以打开"蒙版"属性调整面板，提高羽化值，可以使擦拭部分与周边的过渡平滑、自然，如图 5-57 所示。

这样，就完成了照片的处理，最后拼合图层，再将照片保存即可。

图 5-57

第6章
调色

本章将介绍简单的调色原理，以及在后期处理软件中如何借助不同的功能对照片的色彩进行调整。

▌6.1 四大调色原理及软件应用

对于一般的后期调色，主要分为4大类，分别是借助校色参照物对色彩进行准确的还原——白平衡校色；第二种是混色原理，即将不同色彩混合调出白色，利用这种原理对画面色彩进行整体调整；第三类是色彩三要素，掌握了色彩三要素，就会对不同色彩的明度、纯度等进行有针对性的调修；最后就是色彩空间校色，在处理照片或导出照片时，都要为照片配置一定的色彩空间。

下面介绍如何配置软件及照片的色彩空间，以使照片显示出理想的色彩。

校色参照物

首先介绍利用校色参照物对照片进行校色的技巧。

将比较纯正的蓝色分别放在黄色背景、青色背景及白色背景中，这时观察蓝色，会发现蓝色给人的视觉感受是不同的，如图6-1所示。此时，只有白色背景中的蓝色才显示出了最准确的视觉效果。从这里可以得到这样一个结论：色彩的还原是有一定的参照的，而这种参照以白色为主。

在实际应用中，摄影师在拍摄照片时，所谓的白平衡还原，就是指找到所拍摄场景中的白色，人眼及相机都以这个白色为基准进行色彩的还原。

白色与中性灰及纯黑等颜色都属于无彩色，而根据相机厂商的研究，他们发现虽然白色能够让色彩得到准确的还原，但其实以中性灰为参照进行色彩的还原，往往能够得到更好的还原效果，因为白色的亮度太高，容易对画面整体产生一定的影响，从而干扰到人眼的视觉感受。在后期处理软件中，直接避开了白色，以中性灰为校色基准，来还原其他不同的色彩。也就是说，在进行白平衡还原时，只要找准了中性灰，就可以让照片的色彩得到非常好的还原。如果没有找到中性灰，或者整个场景中没有中性灰，也可以查找白色或黑色等的位置，以此为基准来进行色彩的还原。

如图6-2所示为原始照片，而如图6-3所示则为校色之后的画面效果，可以看到色彩不再严重偏暖。

图6-1

图6-2

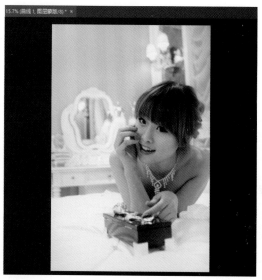

图6-3

进行白平衡校色时，首先在"图层"面板底部单击"创建新的填充或调整图层"按钮 ，在弹出的菜单中选择"曲线"命令，创建一个"曲线"调整图层。

打开"曲线"调整面板，单击左侧的"在图像中取样以设置灰场"按钮 ，可以查找照片中的中性灰位置。将鼠标指针（吸管状）放到照片中的中性灰位置，单击即可确定灰场，其他色彩就会以此为基准进行色彩还原。

如果场景中没有合适的中性灰位置，可以取黑色或者白色的位置作为参考进行校色，最终取人物眼珠部分作为校色点。单击后发现曲线的不同色彩通道发生了变化，照片的色彩也发生了变化，人物的肤色不再严重偏黄，这样就完成了白平衡的初步校正，如图6-4所示。

图 6-4

混色原理

下面介绍如何借助混色原理来进行色彩的调整。

在自然界中，可见光经过分解之后，是按照波长的长短从红到紫进行排列的，如图6-5所示，虽然人眼看到的光线是没有颜色或者说是白色的，但其实它是多种颜色的混合色。

借助于一个玻璃三棱镜，利用折射率的不同，就可以将一束白光分解为红、橙、黄、绿、青、蓝、紫这7种光谱，如图6-6所示。

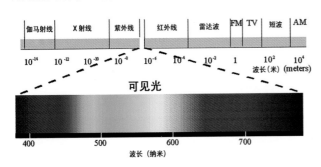

图 6-5

图 6-6

再通过技术手段，对不同的光线进行二次分解，最终得到这样一个结果：黄色、橙色等光线经过多次分解后，最终被解析出红、绿、蓝这3种光线。也就是说，光线只有3种颜色不能被分解，即红、绿、蓝，其他如橙色、黄色、青色等都可以被再次分解。也可以说，红、绿、蓝这3种颜色混合调配出了自然界中人眼所看到的所有颜色。从图6-7中可以看到，红色与蓝色混合出了洋红，它与紫色是相近的，所不同的只是蓝色的比例不同；红色与绿色混合出了黄色；蓝色与绿色则混合出了青色。如果照片色彩偏红，要让色彩变得正常，那么有多种方案：红色与青色混合可以得到白色，只要让光线变为白色或无色即可；如果照片偏红，那么只要添加青色，相当于减少了红色，照片色彩就可以得到准确的还原。同样，如果照片偏绿，只要添加洋红，或降低绿色，即可还原色彩。

在三原色图示中，效果不够明显，可以利用如图 6-8 所示的色轮图进行观察。将色彩分布到一个色轮上，经过色轮直径两端的色彩，混合起来就为白色。例如，红色与青色、绿色与洋红、蓝色与黄色，即三原色与它们的对应色分别位于色轮图直径的两端，这在三原色图上也可以得到证明。色轮图直径两端的色彩称为互补色，互补色混合起来得到白色，在调色时可以互补色为基础进行操作。

例如，如果照片偏红，那么就添加绿色，改变红色与青色的比例，得到无色的效果，这样照片的色彩就会趋于正常；如果照片偏黄，那么就添加蓝色或减少黄色，即可得到白色，这样，照片的色彩就趋于正常。如图 6-9 显示了互补色之间的关系。

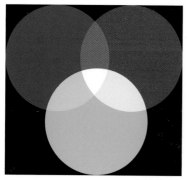

图 6-7

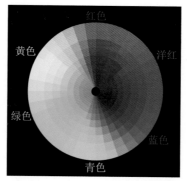

图 6-8

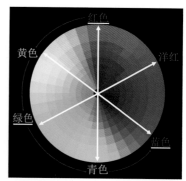

图 6-9

打开要调整的照片，如图 6-10 所示，该照片中蓝色所占的比例太大。

图 6-10

创建"色彩平衡"调整图层（单击"创建新的填充或调整图层"按钮，选择"色彩平衡"命令即可），如图 6-11 所示。在"色彩平衡"调整面板中，可以看到多组色条，有红色与青色、绿色与洋红、蓝色与黄色，即三原色与它们的互补色。

图 6-11

在"色彩平衡"调整面板中，降低蓝色的比例，或者增加黄色的比例，就可以让照片的色彩趋于正常，调整后的结果如图6-12所示。

图6-12

色彩三要素与调色

下面介绍利用色彩三要素进行调色的方法。

所谓色彩三要素，即每种色彩都有3个属性，分别是色相、纯度和明度。色相就是不同的色彩种类，如红色是一种色相，黄色也是一种色相。纯度指饱和度，即该种色彩的纯净程度，无论在红色中加入白色还是加入黑色，都会发现它的纯度变低。明度即不同的色彩各自的明亮程度，将图6-13所示的画面进行去色处理，得到图6-14所示的黑白图，此时可以发现原有的不同色彩其明暗是不同的，黄色的明度是最高的，即黄色的景物明亮度最高，其次是青色、绿色等色彩，红色、蓝色、紫色等色彩的明度很低。

在摄影中，可以得到这样的结论：如果拍摄的照片以黄色为主，那么该照片会比较明亮；如果以蓝色为主，那么画面整体给人的感觉是比较黯淡的。利用色彩的不同及色彩纯度的变化和明亮程度的变化，可以对色彩进行不同的调修，进而得到我们想要的色彩明暗效果及不同的色彩情感。

创建一个"色相/饱和度"调整图层，打开"色相/饱和度"调整面板，如图6-15所示。

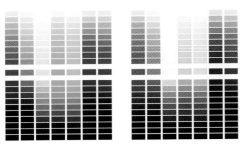

图6-13　　　　图6-14　　　　图6-15

要让花朵之外的叶片部分变为单色，先在色彩通道中选择"绿色"，然后将绿色的饱和度降到最低，如图6-16所示。为什么选择绿色呢？其实很简单，选择绿色表示将要调整的色彩是绿色系。从调整效果来看，荷叶中的绿色成分变为了单色状态。

降低绿色的饱和度后，发现荷叶仍然有色彩。如果此时无法确定荷叶是哪种色彩，不要盲目选择，可以单击"抓手工具"，然后将鼠标指针移动到荷叶上，按下鼠标右键向左拖动，可以将荷叶部分的饱和度降到最低，然后再适当降低明度，这样可以让荷叶变为非常暗的单色状态，如图6-17所示。

事实上，使用"抓手工具"在荷叶上拖动时，从显示效果来看，拖动之前的荷叶部分是青色的。

图 6-16

图 6-17

如果感觉荷花部分的饱和度太高，使画面显得不够自然，可以选择洋红，对应着荷花部分，然后降低饱和度，如图 6-18 所示。此时荷花部分的饱和度也变低了。

此时还可以拖动"色相"滑块，改变荷花部分的色彩，再适当降低明度。这样，荷花部分就变了一种风格，如图 6-19 所示。

图 6-18

图 6-19

色彩空间的原理及配置

sRGB 是由微软公司联合惠普、三菱、爱普生等公司共同制定的色彩空间，主要目的是使计算机在处理、显示数码图片时有统一的标准，当前绝大多数数码图像采集设备厂商都已经全线支持 sRGB 标准，在数码单反相机、摄像机、扫描仪等设备中都可以设置 sRGB 选项。但是 sRGB 色彩空间也有明显的弱点，主要是这种色彩空间的包容度和扩展性不足，许多色彩无法在这种色彩空间中准确显示。从整体来看，这种色彩空间的兼容性很好，但在印刷时的色彩表现力可能会差一些。

Adobe RGB 是由 Adobe 公司在 1998 年推出的色彩空间，与 sRGB 色彩空间相比，Adobe RGB 色彩空间具有更为宽广的色域和良好的色彩层次表现，在摄影作品的色彩还原方面，Adobe RGB 更为出色。

另外，在印刷输出方面，Adobe RGB 色彩空间更是远优于 sRGB。

之前很长一段时间，如果我们对照片有冲洗和印刷等需求，建议将后期处理软件的色彩空间设置为 Adobe RGB，再对照片进行处理，其色域比较大；如果仅是在个人计算机及网络上使用照片，那么设置为 sRGB 就足够了。

当前，在数码照片的处理、浏览和印刷领域，上述简明的规律已经不再是最佳方案了。随着技术的发展，当前的计算机等数码设备都支持一种之前我们没有介绍过，可能大家也没有接触过的色彩空间——ProPhoto RGB。ProPhoto RGB 是一种色域非常宽的工作空间，其色域比 Adobe RGB 大得多。

如图 6-20 所示，背景最大的色彩空间 Horseshoe

Shape of Visible Color 为马蹄形色彩空间，是理想的色彩空间，色域极宽广；ProPhoto RGB 已经接近了这种理想的色彩空间，色域也极为宽广；Adobe RGB 色彩空间的色域再次之；sRGB 色彩空间的色域最小。

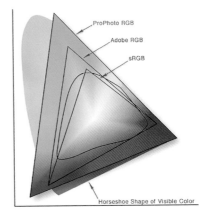

图 6-20

对照片的后期处理涉及两种色彩空间：一是照片色彩空间，二是工作色彩空间。

照片有自己的色彩空间，这是照片色彩空间；而使用 Photoshop 对其进行处理，软件也要设置一个合适的色彩空间才可以，这便是工作色彩空间。Photoshop 软件的色彩空间相当于一个平台，在这个平台上对照片进行处理，就必须要确保工作色彩空间大于照片色彩空间，否则照片的一些色彩信息就会溢出，造成一定的损失。

关于色彩空间的设置，我们在 Photoshop 中演示一下，相信大家就明白了。如图 6-21 所示，在 Photoshop 中打开照片。

图 6-21

选择"编辑"|"颜色设置"命令，可以打开"颜色设置"对话框，在该对话框中可以看到"工作空间"（其实这里标注为工作色彩空间会更准确）选项组，如图6-22所示。

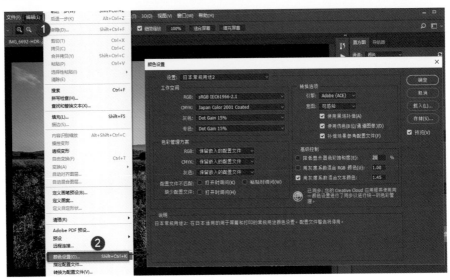

图 6-22

如果不是从事印刷工作，那么只要关注"工作空间"选项组中的第一项RGB就可以了。在其下拉列表中，需要关注Adobe RGB（1998）、ProPhoto RGB和sRGB IEC61967-2.1（即人们通常说的sRGB）这3项，如图6-23所示。

若设置为sRGB IEC61967-2.1，那么只有打开的照片色彩空间为sRGB IEC61967-2.1，才不会损失色彩信息；如果照片为Adobe RGB或ProPhoto RGB，那么表示工作色彩空间小于照片色彩空间，是无法容纳所有色彩信息的，必定会造成颜色信息的损失。

若设置为Adobe RGB（1998），那么只有打开sRGB IEC61967-2.1或Adobe RGB色彩空间的照片，才不会损失色彩信息；如果打开照片的色彩空间为ProPhoto RGB，那么也会产生颜色信息的损失。

只有为软件设置的工作色彩空间为ProPhoto RGB，才能基本上确保不会让所打开的照片损失颜色信息。但也并不是绝对的，RAW格式的文件保留了所有原始的拍摄信息，接近于理想的色彩空间，所以只要在Photoshop中打开它，即使设置了ProPhoto RGB工作色彩空间，也会有少量的颜色信息损失。

也就是说，在Photoshop中对工作色彩空间的设置，设置为ProPhoto RGB是最佳选择。但之所以默认不是这个选项，这是因为在打开JPEG格式的照片时，设置为ProPhoto RGB色彩空间有可能会引起一定的色彩变化。

关于工作色彩空间的设置，可以遵循以下两个原则：其一，在Photoshop中打开JPEG、TIFF等格式的照片时，将工作色彩空间设置为Adobe RGB或ProPhoto RGB均可；其二，打开RAW格式的文件，或者从Lightroom等软件中将照片直接转入Photoshop时，建议设置为ProPhoto RGB色彩空间，这样可以最大限度地避免颜色信息的损失。

在下方的"色彩管理方案"选项组中，对于非印刷行业的人来说，依然只需要关注第一项RGB即可。在其下拉列表中，要设置为"保留嵌入的配置文件"，这表示在软件的色彩空间中直接对照片的色彩空间进行处理；如果设置为"转换为工作中的RGB"，那么在对照片进行处理之前，要先将色彩空间转换为工作色彩空间再进行处理，这样做可能会使照片色彩发生轻微改变，一般不建议做这样的选择。

最后一个要注意的是底部几个复选框是否勾选的问题。这里建议全部不勾选，否则会有无尽的麻烦。勾选了这些复选框，那么几乎每打开一张照片，都会弹出系统提示界面，询问要做怎样的选择。

以上是针对软件工作色彩空间的设置。

下面介绍针对照片色彩空间的设置。选择"编辑"|"指定配置文件"命令，如图6-24所示。

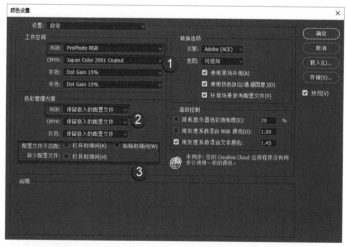

图6-23

图6-24

此时会打开"指定配置文件"对话框，如图6-25所示。

在对话框底部选中"配置文件"单选按钮，然后在其下拉列表中选择不同的色彩空间，表示对照片原有的色彩空间进行更改，这样会使照片的色彩发生较大的变化，非专业人士不建议更改此选项，甚至最好不要打开这个对话框。如图6-26和图6-27分别显示了转为不同的色彩空间后照片的色彩变化状态。

图 6-25

图 6-26

图 6-27

事实上，在处理照片之后，如果要输出照片，对照片色彩空间的设置是在"转换为配置文件"对话框中进行的。

选择"编辑"|"转换为配置文件"命令，可以打开"转换为配置文件"对话框。在该对话框中，可以看到"源空间"和"目标空间"，"目标空间"即为输出照片配置的色彩空间，如图 6-28 所示。用户就可以根据用途来配置色彩空间，比如只是在网络中分享和在计算机中浏览，那么设置为 sRGB 就可以了；如果有印刷需求，就配置为 Adobe RGB。

图 6-28

在"转换为配置文件"对话框中配置"目标空间"为 sRGB IEC61966-2-1，那么在保存照片时，可以看到设置的选项就是 sRGB IEC61966-2-1，如图 6-29 所示。最后单击"确定"按钮，再保存照片就可以了。

图 6-29

6.2　调色实战

案例1：白平衡 + 曲线调色

观察如图 6-30 所示的原始照片，会发现整体效果灰蒙蒙的，比较沉闷。另外，天空的色彩及山体的色彩是有一些偏暖的，它与实际场景中的景物色彩有些不同。下面介绍利用白平衡调色对照片色彩进行优化的技巧。

经过优化后，照片的色彩可以变得更准确，可能与真实场景有所差异，但从整体上看色彩变准确了，如图 6-31 所示。例如，山体上的树木颜色已经从红黄色变为相对准确的青黄色等，天空的色彩也变得更加蔚蓝、深邃。

图 6-30

图 6-31

Step 01 在 Photoshop 中打开要处理的照片。在"图层"面板底部单击"创建新的填充或调整图层"按钮 ◉，在弹出的菜单中选择"曲线"命令，创建一个"曲线"调整图层，如图 6-32 所示。

Step 02 要进行调色，先要调影调，否则调色完成后再调影调，会对照片色彩产生较大的影响。先调影调后调色彩，才是最正确的后期修片流程。对照片的影调层次进行一定的调整后，曲线形状及画面效果如图 6-33 所示。

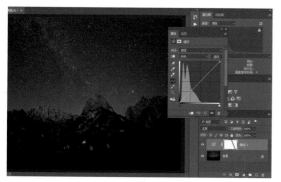

图 6-32

图 6-33

Step 03 在"曲线"调整面板左侧单击中间的吸管图标（白平衡调整吸管）。然后将鼠标指针移动到画面中接近中性灰的位置并单击，这表示要告诉软件什么是中性灰，如图 6-34 所示。单击之后，照片中的其他色彩都会以单击位置的色彩为基准进行色彩的还原。还原后可以看到，画面的色彩发生了巨大的变化，而这种变化的本质来源于软件依照我们选择的点，对不同色彩曲线进行调整得到的。

Step 04 因为选择的点不可能是真正严格的中性灰，所以白平衡调整往往只是大致效果。比如此时的照片画面仍然是偏洋红的，所以切换到绿色曲线，创建锚点，适当地向上拖动，这样就可以增加绿色的比例，也就相当于降低了洋红的比例。调整之后可以看到，照片偏洋红的问题已经解决了，如图 6-35 所示。

图 6-34

图 6-35

Step 05 此时的照片仍然有些偏红，因此切换到红色曲线，降低红色的比例，效果如图 6-36 所示。

Step 06 此时选择 RGB 复合曲线，就能看到对 RGB

复合曲线、绿色曲线和红色曲线调整的状态，以及此时照片的画面效果。此时色彩准确了很多，如图 6-37 所示。

图 6-36

图 6-37

案例2：曲线深度调色

打开如图 6-38 所示的原始照片，可以看到，虽然是日落时分拍摄的照片，但画面的色彩感并没有表现出日落时的氛围。

调色之后可以看到，建筑物顶部的光线色彩被强化了，而暗部则没有发生太多变化，最终形成了一种冷暖对比的色彩效果，画面的表现力好了很多，如图 6-39 所示。

图 6-38

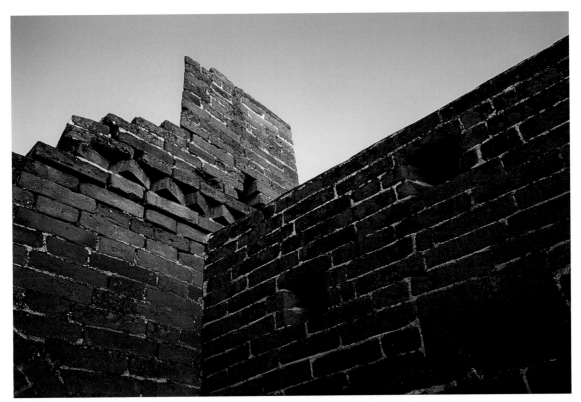

图 6-39

Step 01 在 Photoshop 中打开要处理的照片。在"图层"面板底部单击"创建新的填充或调整图层"按钮 ⊘，在弹出的菜单中选择"曲线"命令，创建一个"曲线"调整图层，如图 6-40 所示。

Step 02 之前已经对这张照片进行过影调及其他的一些细节处理，因此就没有必要再进行单独的影调调整了。本例的目的是为照片中的亮部渲染上暖色调，而暗部稍稍偏冷一些。首先，切换到红色曲线，然后在右上方单击以创建锚点，将其向上拖动，这样照片的亮部及一部分暗部都被渲染上了红色，如图 6-41 所示。

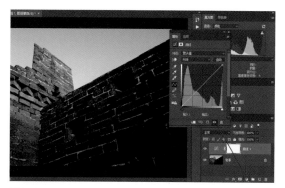

图 6-40

图 6-41

Step 03 提高亮部的红色以后，因为曲线的过渡比较平滑，这样就造成中间调及暗部也会变红。但本例想要的是让暗部保持冷色调，因此要在曲线的暗部单击来创建一个锚点，将其向下拖动，避免暗部也变红，调整之后的曲线形状及画面效果如图 6-42 所示。

Step 04 日落时分的太阳光线，除了红色还有黄色等一些色彩成分，所以切换到蓝色曲线，降低蓝色的比例，这样可以让亮部变得偏黄一些。对于蓝色曲线，同样也需要在暗部创建一个锚点，并将其向上拖动，保持暗部的冷色调，如图 6-43 所示。

图 6-42

图 6-43

Step 05 切换到绿色曲线，降低亮部的绿色的比例，这样可以为亮部渲染上一定的洋红色调，接下来在绿色曲线的暗部创建一个锚点，恢复暗部的冷色调，如图 6-44 所示。

Step 06 切换回 RGB 复合曲线，对照片的影调进行一定的强化，主要是轻微地提高对比度。降低暗部的亮度，恢复亮部的亮度，轻微的 S 形曲线会让画面的反差变高，影调层次变得更加明显，如图 6-45 所示。

图 6-44

图 6-45

Step 07 因为照片的红色有些过度，所以再次回到红色曲线，稍稍降低亮部的红色的比例，如图 6-46 所示。

Step 08 如果感觉调整的幅度比较大，色彩有些失真，那么可以选中"曲线"调整图层，适当地降低"不透明度"值，让效果稍微变得弱一些，如图 6-47 所示。

图 6-46

图 6-47

Step 09 将照片色彩调整到比较合理的状态之后，拼合图层，再将照片保存就可以了。如图 6-48 所示为处理之后的照片效果，此时照片中受光线照射的亮部是暖色调，而周边的暗部是冷色调，最终又形成了一种冷暖对比的画面效果。

图 6-48

案例 3：色彩平衡调色

下面介绍利用"色彩平衡"功能来对照片进行调色的技巧。

如图 6-49 所示为原始照片，可以看出是严重偏蓝的，且还有一些偏青。使用"色彩平衡"功能进行调整，最终可以使照片色彩变得准确，如图 6-50 所示。

图 6-49

图 6-50

Step 01 在 Photoshop 中打开原始照片。创建一个"色彩平衡"调整图层，此时可以看到打开的"色彩平衡"调整面板，以及"图层"面板中的"色彩平衡"调整图层，如图 6-51 所示。

Step 02 在"色彩平衡"调整面板中，在"色调"下拉列表中，有"阴影""中间调"和"高光"3 个选项，它们分别对应的是调整的大致范围，如图 6-52 所示。比如设置"色调"为"阴影"，那么调整主要针对照片的阴影部分；设置"色调"为"中间调"，那么调整的范围是照片的一般亮度区域；设置"色调"为"高光"，则调整针对的是照片的亮部。

图 6-51

图 6-52

Step 03 因为照片整体的偏色程度非常高，所以先设置"中间调"，对最明显的"中间调"色彩进行调整。因为照片严重偏蓝，所以确定调整"中间调"之后先降低蓝色的比例，相当于增加黄色，这样可以看到照片的蓝色调明显减弱，如图 6-53 所示。

Step 04 画面除了偏蓝，还有一些偏青，向右拖动青色到红色的滑块，增加红色比例，此时照片偏青的问题即得到了缓解，如图 6-54 所示。

图 6-53

图 6-54

Step 05 稍稍减少洋红的比例，那么对"中间调"的调整就基本完成了，此时照片中偏蓝和偏青的问题都得到了有效的缓解，参数设置和画面效果如图 6-55 所示。

Step 06 观察照片画面可以看到远处的山体、背光的主体及一些岩石部分是偏青和偏蓝的，这些位置属于暗部，因此在调整"中间调"时就无法让这些部分的色彩变得正常，在"色调"下拉列表中选择"阴影"选项，如图 6-56 所示。

图 6-55

图 6-56

Step 07 增加红色的比例，减少蓝色的比例，这样可以让阴影部分的色彩得到有效的调整，如图 6-57 所示。

Step 08 轻微减少洋红的比例，让暗部的色彩更加准确，参数设置及画面效果如图 6-58 所示。

图 6-57

图 6-58

Step 09 观察远处的天空，以及近处的雪地，可以发现这些位置也是有一些偏色的。这些位置属于亮部，因此在"色调"下拉列表中选择"高光"选项，对亮部进行调整。对于高光部分的调整，也要适当地减少蓝色的比例和洋红的比例，经过调整，参数设置以及画面效果如图6-59所示。经过多步调整，照片的色彩基本就变得正常了，最后拼合图层，再将照片保存就可以了。

图6-59

案例4：可选颜色调色

"可选颜色"是一项比较特殊的功能设置，下面通过一个案例来进行具体的介绍。

从如图6-60所示的原始照片中可以看到，画面的色彩纯净度不够，画面也不够通透，并且最严重的一点是照片中没有非常出彩的视觉中心。

调色之后，效果如图6-61所示，可以看到照片的通透度变高，色彩纯净度也变高，而近景的秋色变得更加明显。通过这种调整，塑造出了一个非常理想的视觉中心，画面效果变得比较理想。

图6-60

图6-61

Step 01 在 Photoshop 中打开原始照片，创建一个"可选颜色"调整图层，如图 6-62 所示。

Step 02 在"可选颜色"调整图板中，首先要设置的是"颜色"选项。在"颜色"下拉列表中，有"红色""黄色""绿色""青色""蓝色""洋红""白色""中性色"和"黑色"等选项，如图 6-63 所示。在具体调整时，要在"颜色"类别当中选择一种固定的颜色，比如选择"红色"，那么将要调整的是照片当中的红色系及红色系景物当中的一些其他颜色。在下面的参数中还有"青色""洋红""黄色"和"黑色"等，如图 6-64 所示，这表示将要对红色系景物进行调色。

图 6-62　　　　　　　　　　　　　　　　图 6-63　　　　　　　　图 6-64

Step 03 对于大部分调整来说，一般要先调整中间调。因为照片的中间调区域往往是最大的。在"颜色"下拉列表中，选择"中性色"选项，然后增加"黑色"的比例，如图 6-65 所示。这种操作的目的是通过在中间调中增加黑色的比例，强化照片的对比和反差，减轻照片的灰雾度。

Step 04 接下来对照片中的黄色系进行调整，黄色系主要是左下角的一片植物。选择"黄色"之后，提高"黑色"的比例到最高，这样可以看到黄色的明度会降低，左下角的植物部分明显变暗，如图 6-66 所示。

图 6-65　　　　　　　　　　　　　　　　　　图 6-66

Step 05 由于左下角这片植物色彩表现力不够，因此要继续在"黄色"系当中减少"青色"的比例，相当于增加了红色的比例，左下角的这片植物明显变得偏红一些，如图 6-67 所示。

Step 06 接下来选择红色系。当前左下角的这片植物红色的占比很高，选择"红色"之后，调整的主要对象依然是这片区域。增加黑色的比例，降低这一片植物的亮度，避免这部分因为亮度过高而显得突兀。经过调整，可以看到这片植物区域的色彩更加纯净，色彩感更强，如图 6-68 所示。

Step 07 对于这片秋色浓郁的区域，还可以调整其他的一些色彩，比如当前感觉红色过重，那么降低红色和洋红的比例，适当增加黄色的比例，这会让这片的色彩显得更加真实、自然，如图 6-69 所示。

图 6-67

图 6-68

Step 08 接下来可以对画面中的一些瑕疵再次进行微调。比如天空中的云层，以及远处的云海显得发灰，亮度不够。选择"白色"选项，这样即可针对照片中最亮的部分进行调整，降低"黑色"值，就相当于白色部分变得更亮，远处的天空以及云海变得明亮起来，此时的参数设置及画面效果如图 6-70 所示。

图 6-69

图 6-70

Step 09 如果仔细观察，会看到天空有些位置是有一些偏红的，这种红色让画面看起来不通透，因此增加青色的比例，就相当于减少了红色的比例，会让画面显得更加通透。之所以这样调整，是因为增加青色和蓝色的比例，会让照片变得更加通透。此时的参数设置及画面效果如图 6-71 所示。

Step 10 为了让照片整体上变得更加通透，选择"中性色"选项，如图 6-72 所示。在"中性色"系中，适当地增加青色的比例，可以让照片整体上变得冷清一些，还可以让照片看起来更加通透。

Step 11 对于照片的暗部不够黑的问题，可以在"颜色"下拉列表中选择"黑色"选择，然后稍稍地增加一些黑色的比例，经过提亮白色和加重黑色后，照片反差变大，层次变得更丰富，画面看起来更通透，此时的参数设置及画面效果如图 6-73 所示。

图 6-71

> **≫提示**
>
> 在面板底部，还有"相对"和"绝对"两个单选按钮。所谓的绝对，就是针对某种色彩的最高饱和度值来说的；所谓的相对，就是针对具体照片中的实际饱和度值来说的。同样调整10%的色彩比例，设置为"绝对"时，调整的效果是非常明显的，因为是调整总量的10%，而设置为"相对"时，效果就要柔和很多。在具体应用中，如果是针对当前照片进行调整，那么应该设置为"相对"。

图 6-72

图 6-73

经过上述调整,可以看到画面并没有发生特别大的变化,只是左下角的视觉中心有了明显的变化。从左下角到其他部分的影调过渡更加理想,色彩感更强了。事实上,本画面的这种调整难度是比较大的,一般来说,这种微调对用户调整的手法和感觉要求比较高。

案例 5:Lab 模式调色

1. Lab 模式调色的优劣

在计算机上看到和使用的照片,大多是 RGB 色彩模式的,几乎很难看到 Lab 模式的照片。

Lab 是一种基于人眼视觉原理提出的色彩模式,理论上它概括了人眼所能看到的所有颜色。在长期的观察和研究中,人们发现人眼一般不会混淆红绿、蓝黄、黑白这 3 组共 6 种颜色,这使研究人员猜测人眼中或许存在某种机制可以分辨这几种颜色。于是有人提出可将人的视觉系统划分为 3 条颜色通道,分别是感知颜色的红绿通道和蓝黄通道,以及感知明暗的明度通道。这种理论很快得到了人眼生理学的证据支持,从而得以迅速普及。经过研究,人们发现,如果人的眼睛中缺失了某条通道,就会产生色盲现象。

1932 年,国际照明委员会依据这种理论建立了 Lab 颜色模式,后来 Adobe 将 Lab 模式引入了 Photoshop,将它作为颜色模式置换的中间模式。因为 Lab 模式的色域最宽,所以将其他模式置换为 Lab 模式,颜色不会损失。在实际应用中,当将设备中的 RGB 照片转为 CMYK 色彩模式准备印刷时,可以先将 RGB 模式转为 Lab 色彩模式,这样不会损失颜色细节。最终再从 Lab 模式转为 CMYK 色彩模式,这也是之前很长一段时间内,影像作品印前的标准工作流程。

一般情况下,在计算机、相机中看到的照片,绝大多数为 RGB 色彩模式,如果要将这些 RGB 色彩模式的照片进行印刷,就要先转为 CMYK 色彩模式。以前,当将 RGB 色彩模式转为 CMYK 色彩模式时,要先转为 Lab 模式过渡一下,这样可以减少转换过程带来的细节损失。当前,在 Photoshop 中可以直接将 RGB 模式转换为 CMYK 模式,中间的 Lab 模式过渡在系统内部自动完成了,用户是看不见这个过程的(当然,转换时会带来色彩的失真可能需要进行微调校正)。

如果还是不能完全理解上述说法,这里用一种比较通俗的说法来进行描述:在 RGB 色彩模式下,调色后色彩有所变化,同时色彩的明度也会发生变化,这样某些色彩变亮或变暗后,可能会让调色后的照片损失明暗细节层次。

Step 01 打开如图 6-74 所示的照片。

图 6-74

Step 02 将照片调黄，因为黄色的明度非常高，可以看到很多部分因为色彩明度的变化产生了一些细节的损失，如图 6-75 所示。而如果在 Lab 模式下调整，因为色彩与明度是分开的，当将照片调为这种黄色后，是不会出现明暗细节损失的，如图 6-76 所示。

图 6-75

图 6-76

Step 03 在 Lab 模式下调色的效果非常好，但这种模式也有明显的问题。在 Lab 模式下，很多功能是无法使用的，如黑白、自然饱和度等。另外，还有很多 Photoshop 滤镜无法使用，并且即使能够使用，界面形式也与传统意义上的后期调整格格不入。

在使用 Lab 模式时，打开"图像"菜单，在其下的"调整"菜单中可以看到很多命令变为了灰色不可用状态，如图 6-77 所示。

Step 04 分别在 RGB 和 Lab 模式下选择"色彩平衡"菜单命令，打开"色彩平衡"对话框。可以看到 RGB 模式下的调整界面（如图 6-78 所示）与 Lab 模式下的调整界面（如图 6-79 所示）有很大区别。

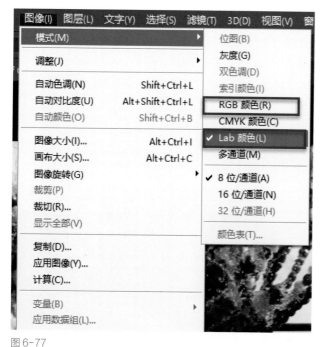
图 6-77

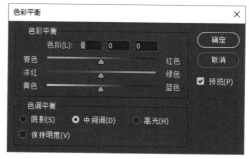
图 6-78

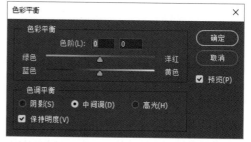
图 6-79

2. Lab 模式调色

使用 Lab 模式调色，主要用于为低饱和度照片渲染浓郁的色彩。下面通过具体的案例来分析其用法。打开如图 6-80 所示的照片，该照片的色彩感很差，这对于风光题材来说是很致命的，画面看起来不够漂亮。

如果尝试直接针对原照片在"色相／饱和度"对话框中提高饱和度，就会发现这种照片即使将饱和度提到最高，也无法获得很自然、浓郁的色彩，并且部分色彩还会出现严重的溢出现象，让照片失真。

针对这种晦暗的色彩效果，可以使用 Lab 模式来调色，处理后的效果如图 6-81 所示。

图 6-80

图 6-81

Step 01 在 Photoshop 中，选择"图像"|"模式"|"Lab 颜色"命令，如图 6-82 所示，即可将照片转为 Lab 模式，从照片标题栏中的标题就可以确认此时的照片已经变为了 Lab 模式，如图 6-83 所示。

Step 02 创建一个"曲线"调整图层，此时在"曲线"调整面板中打开"明度"下拉列表，有"明度"、a 和 b 共 3 个通道。这就要用到前面介绍过的"在长期的观察和研究中，人们发现人眼一般不会混淆红绿、蓝黄、黑白这 3 组共 6 种颜色，这使研究人员猜测人眼中或许存在某种机制可以分辨这几种颜色。于是有人提出可将人的视觉系统划分为 3 条颜色通道，

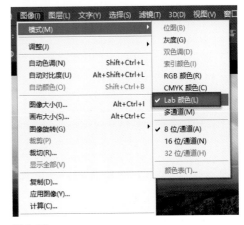

图 6-82

分别是感知颜色的红绿通道和蓝黄通道，以及感知明暗的明度通道。"这个知识点。"明度"通道对应着照片的明暗信息，a 通道对应着照片中的绿色和红色，b 通道对应着照片的蓝色和黄色。

所以在如图 6-84 所示的"曲线"调整面板中，也只能看到有"明度"、a（如图 6-85 所示）和 b（如图6-86 所示）3 个通道，对应 3 条曲线。

图 6-83

图 6-84

图 6-85

图 6-86

Step 03 回到本照片上来，由于天空的色彩表现力不够，因此要让天空变蓝。根据前面介绍的，b 通道对应着蓝色和黄色，因此切换到 b 通道打开 b 曲线，选择"目标选择与调整工具"，然后将鼠标指针移动到天空位置，向下拖动即可为天空部分快速渲染上蓝色，操作过程与照片效果如图 6-87 所示（如果向上拖动，就是使调整对象变黄了）。

Step 04 对天空的调整，也对地面景物产生了很明显的干扰，因为草原也变蓝了，这显然不是我们想要的。因此将鼠标指针移动到地面的草地上，按住鼠标左键不松开向上拖动，这样就可以让草地向黄色方向偏移。从曲线上也可以看到，左侧的锚点是针对天空的，右侧的锚点是针对草原的。此时的曲线形状与照片效果如图 6-88 所示。

图 6-87

图 6-88

Step 05 将 b 通道曲线调整到位，也就基本上将照片的黄色和蓝色调整好了。但是照片的色调还是不够理想，发黄且泛着土色。

切换到 a 通道，这表示将要对照片的红色和绿色进行调整。选择"目标选择和调整工具"后，将鼠标指针移动到草原上，草地当然要适当偏绿一些，因此向下拖动鼠标，可以看到照片包括草原在内都变绿了，此时的操作及照片效果如图 6-89 所示。

图 6-89

Step 06 调整后照片整体又太绿了，特别是远处的天空部分，因此只要将鼠标指针移动到不想变绿的位置，向上拖动鼠标就可以了，曲线形状与照片效果

如图 6-90 和图 6-91 所示。此时，照片效果已经变好了很多。

图 6-90

图 6-91

Step 07 照片的大致效果就是这样的，因为在 Lab 模式下，Photoshop 的功能受限，因此可以考虑将照片转回 RGB 模式，再进行精修。

在"背景"图层的空白处单击鼠标右键，在弹出的快捷菜单中选择"拼合图像"命令，如图 6-92 所示，这样就将图层合并在一起了，如图 6-93 所示。

Step 08 在 Photoshop 主界面的"图像"菜单中选择"模式"|"RGB 颜色"命令，如图 6-17 所示；即可将照片转为 RGB 模式，从照片标题栏中标题就可以确认此时的照片已经变为了 RGB 模式，如图 6-94 所示。

图 6-92

图 6-93

图 6-94

Step 09 将照片转为 RGB 模式后，再创建一个"曲线"调整图层，再对照片的明暗反差进行强化，提亮亮部、恢复暗部，如图 6-95、图 6-96 和图 6-97 所示。这样照片的影调层次会变得更丰富，如图 6-98 所示。

图 6-95

图 6-96

图 6-97

图 6-98

> ≫ 总结
>
> 从整体来看，Lab模式的使用频率虽然越来越低，但对于一些色彩不够理想的照片，还是具有很好的调色能力的。使用Lab模式调色，最常见的就是上面案例中介绍的，能够轻松、快速地为照片渲染上自然、浓郁而又油润的色彩。

案例 6：黑白效果

本章最后介绍怎样正确地将彩色照片转为黑白效果。

有一些初学者可能认为将彩色照片转为黑白效果是最简单的，只要将饱和度降到最低就可以了，事实上并非如此。因为这样操作只是去掉了色彩，而色彩本身有明度差别，那么降低饱和度之后，照片原有影调会发生很大变化，可能会让照片影调变得不合理。

如图 6-99 所示是原始照片，如果直接将饱和度降为最低，那么人物的面部变得非常黑，不够突出和醒目，如图 6-100 所示。也就是说直接降低饱和度的方法是不对的，而经过正确的黑白调整，最终人物面部保持了非常高的亮度，而周边的景物亮度暗了下来，没有对人物面部产生较大的干扰，画面效果也比较理想，如图 6-101 所示。

图 6-99

图 6-100

图 6-101

Step 01 在 Photoshop 中打开原始照片，如图 6-102 所示。

Step 02 创建"黑白"调整图层，打开"黑白"调整面板，如图 6-103 所示。

图 6-102

图 6-103

Step 03 在"黑白"调整面板中，要根据不同的颜色进行调整。比如人物的肤色部分，无论是黄色、白色还是黑色人种，肤色中都有很大的红色、黄色及橙色比例，因此要提高这些色彩的明度，使黑白照片中的人物肤色部分亮度变高。

实际操作时可以直接提高红色、黄色的亮度，降低其他颜色的亮度，这样就可以确保人物肤色等重点部位有很好的亮度，其他部分得到压暗，避免造成干扰，初步调整之后效果如图 6-104 所示。

图 6-104

Step 04 因为红色与黄色的亮度提得过高，所以从效果来看，人物面部、衣服部分有些过曝。这时可以在"黑白"调整面板的底部单击小眼睛图标，隐藏调整效果查看原始画面，如图 6-105 所示，再一次查看各个区域的颜色，确认好颜色之后再次单击小眼睛图标，将调整效果显示出来就可以了。经过确认，发现中间两个人物的衣服偏黄。

Step 05 适当地降低黄色的亮度，避免人物衣服部位过曝，降低黄色的亮度以后，人物的衣服就不再过曝，并且人物面部的亮度也得到了一定的恢复，效果还是比较理想的，如图 6-106 所示。

图 6-105

图 6-106

Step 06 因为大幅度降低了绿色、青色等颜色的亮度，所以造成了一些绿色植物变得太暗，显得非常沉重。经过观察发现前景是绿色的，那么可以适当地提高绿色的亮度，让前景不会太黑，提亮之后可以看到前景亮度得到了一定的恢复，如图 6-107 所示。

Step 07 接下来再根据各种对象的实际颜色，分别对青色和蓝色的天空，以及其他一些人物的衣服等进行调整，比如降低了青色的亮度，使最右侧人物的裤子亮度降低，还可以让中景的水面与远处的天空变暗，明暗反差不会太大，这样就让画面中各种色彩元素的明暗更接近，变得更协调，削弱了对人物的干扰，如图 6-108 所示。

图 6-107

图 6-108

Step 08 最右侧人物的上衣比较暗，这样会显得与其他人物不协调。再次隐藏调整效果，观察原始画面之后发现如果稍稍提高洋红的亮度，会让这个人物的上衣变亮一些。这样，调整之后可以看到效果还是不错的。经过对不同的色彩进行明暗的调整，最终将这张照片转为了非常理想的黑白效果，如图 6-109 所示。

图 6-109

　　上述操作是根据不同的色彩来进行相应调整的，最终完成了整个处理过程。事实上，还有一种更理想的操作方式，也就是使用"黑白"调整面板左上角的"抓手工具"。使用这个工具可以直接将鼠标指针放到不同的色彩上，左右拖动进行明暗调整，这种调整更直接、更高效一些。因为之前已经介绍过这种工具的使用方法，这里就不再赘述了。只要了解了这种黑白调色的原理，那么这些工具的使用就自然比较简单了。

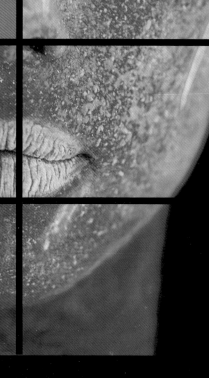

Ps
Photoshop

Lr
Lightroom

A
Camera Raw

3合1
（中册）

数码摄影后期

Lightroom 轻松学

卡塔摄影学院·编著

电子工业出版社
Publishing House of Electronics Industry
北京·BEIJING

内容简介

本书从Lightroom软件的基本功能开始介绍，让读者认识Lightroom、了解Lightroom界面及基础操作，进而深入浅出地讲解了Lightroom的照片管理技术、利用Lightroom进行后期处理的技巧、标准的修片流程等知识，最终让读者借助于Lightroom实现数码摄影后期处理的快速入门和提高。

本书附赠多媒体视频教程，可以帮助读者提高学习效果。

本书适合数码摄影、广告摄影、照片处理等领域各层次的读者阅读。无论是专业人员，还是普通爱好者，都可以通过本书迅速提高对照片进行后期处理的水平。

未经许可，不得以任何方式复制或抄袭本书之部分或全部内容。
版权所有，侵权必究。

图书在版编目（CIP）数据

Photoshop/Lightroom/Camera Raw数码摄影后期3合1. 中册, Lightroom轻松学 / 卡塔摄影学院编著. —北京：电子工业出版社, 2019.5

ISBN 978-7-121-36369-6

Ⅰ. ①P… Ⅱ. ①卡… Ⅲ. ①图象处理软件 Ⅳ. ①TP391.413

中国版本图书馆CIP数据核字（2019）第072963号

责任编辑：赵含嫣　特约编辑：刘红涛
印　　刷：中国电影出版社印刷厂
装　　订：中国电影出版社印刷厂
出版发行：电子工业出版社
　　　　　北京市海淀区万寿路173信箱　　邮编：100036
开　　本：787×1092　1/16　　印张：21.25　　字数：695千字
版　　次：2019年5月第1版
印　　次：2019年5月第1次印刷
定　　价：128.00元（全3册）

凡所购买电子工业出版社图书有缺损问题，请向购买书店调换。若书店售缺，请与本社发行部联系，联系及邮购电话：（010）88254888，88258888。

质量投诉请发邮件至zlts@phei.com.cn，盗版侵权举报请发邮件至dbqq@phei.com.cn。

本书咨询联系方式：（010）88254161～88254167转1897。

前言

    Lightroom是Adobe公司在照片后期处理领域的另外一款拳头产品，将照片的导入、管理、调整和输出等功能集于一身，可以为摄影爱好者、专业摄影师提供全程的摄影后期处理服务，提高摄影师的工作效率。

    这本书针对Lightroom照片管理技术、Lightroom照片后期处理调修技术等知识进行了详细、全面的剖析，并结合大量案例对所讲内容进行了强化。

    本书注重原理的分析，并辅以精彩案例，也只有这样学习，才能让读者真正学通和掌握后期处理技术。过于注重步骤操作和参数设置，是无法让人理解后期处理的精髓的。相信在学习完本书之后，读者就能够掌握和利用Lightroom后期处理的原理和知识，做到举一反三。

    本书提供了多媒体视频教程，以及原始素材照片，有助于读者的学习和实践，以带给广大读者全新的学习体验。本书还附赠进阶电子阅读章节"Lightroom合成——HDR与全景""其他常用功能详解""Lightroom与Photoshop协作修图"，有需求的读者请按照"读者服务"中的方法进行下载。

    鉴于笔者水平，书中难免存在疏漏和不妥之处，敬请广大读者和同行批评指正！

    读者在学习本书的过程中如果遇到疑难问题，可以加入本书编者及读者交流、在线答疑群"千知摄影"，群号242489291。

读者服务

　　读者在阅读本书的过程中如果遇到问题，可以关注 "有艺"公众号，通过公众号与我们取得联系。此外，通过关注"有艺"公众号，您还可以获取更多的新书资讯、书单推荐、优惠活动等相关信息。

　　资源下载方法：关注"有艺"公众号，在"有艺学堂"的"资源下载"中获取下载链接，如果遇到无法下载的情况，可以通过以下三种方式与我们取得联系：

　　1. 关注"有艺"公众号，通过"读者反馈"功能提交相关信息；

　　2. 请发邮件至art@phei.com.cn，邮件标题命名方式：资源下载+书名；

　　3. 读者服务热线：（010）88254161~88254167转1897。

　　投稿、团购合作：请发邮件至art@phei.com.cn。

扫一扫关注"有艺"

目录 CONTENTS

目录 CONTENTS

第1章
认识 Lightroom

　　借助于 Lightroom 后期处理软件，可以对图库进行专业化的管理，以及对照片进行专业化的精修。那么，为什么要使用 Lightroom 呢？本章将通过剖析 Lightroom 的特点来做出解答：利用该软件可以对大量照片进行数据库化管理，在节省磁盘空间的前提下提高管理效率；利用该软件可以对照片进行非常专业的后期处理，让用户得到完美的照片效果。

1.1 从 Photoshop、Camera Raw 到 Lightroom

Photoshop 是功能最为强大的摄影后期处理软件之一，但这款软件却并非专门针对摄影后期处理而开发的，Photoshop 针对照片后期处理的功能并不是特别集中，大量主要的摄影后期处理功能与其他不相关功能混杂在一起，使用起来有时候并不是特别方便，如图 1-1 所示。

图 1-1

随着 Photoshop 软件的不断更新，能够进行照片管理的 Bridge 已经从 Photoshop 套装中独立了出来，要额外安装才能使用，如图 1-2 所示。只有单独安装之后，才能在 Photoshop 的"文件"菜单内找到启动 Bridge 的链接。至于老版本 Photoshop 中集成的 Mini Bridge，则被很干脆地取消了。

图 1-2

针对摄影领域，Adobe 公司单独开发了 Adobe Camera Raw（简称 ACR）来处理使用相机拍摄的 RAW 格式的原始文件，如图 1-3 所示。Photoshop 三件套包括 Photoshop、Bridge 和 ACR，这三款软件分开看都非常强大，但却非常分散，让人使用起来有时候会感觉不方便。

图 1-3

Lightroom 则是 Adobe 公司在照片后期处理领域的另外一款拳头产品，它将照片的导入、管理、调整和输出等功能集于一身，可以帮助用户缩短在计算机上花费的后期处理时间，将更多的时间投入到前期拍摄中，如图 1-4 所示。

Lightroom 抛开了效率偏低的 Photoshop 软件主体部分，将 Bridge 的照片管理功能和 Camera Raw 的 RAW 格式处理功能集成到了一起，并额外加入了照片打印、幻灯片制作、画册设计和制作等功能，形成了一款单独的软件。

因为同是 Adobe 公司旗下的软件，Lightroom 可以与 Photoshop 形成很好的互补，利用前者快速、高效地完成照片的一般处理，如果需要对照片进行精修或者制作特殊效果，可以随时将照片导入 Photoshop 中进行处理。

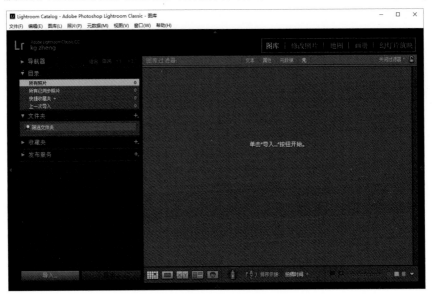

图 1-4

1.2 你不知道的 Lightroom

与众不同的照片管理功能

其实，大部分后期处理软件均有照片管理功能，对于照片的管理，主要有两大类方式。

第一大类比较基础，容易上手，以 Photoshop Bridge、ACDSee 等为代表。在 Bridge 中，如果为图库中的某张照片添加了星级，那么计算机图库中这张照片的原始属性就被改变了，被添加上了一定的星级，也就是说原始照片被改变了，如图 1-5 所示。这种照片管理软件的缺点很明显，那就是对原照片的保护力度不够，软件中的修改很容易覆盖计算机中的原始照片。

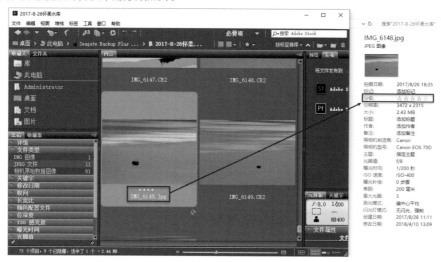

图 1-5

第二类照片管理软件则是另外一种工作方式，以 Lightroom 为代表。打开 Lightroom 之后，是无法直接看到或打开照片的，要对照片进行管理或者后期处理调整，需要先将计算机中的照片导入软件内。将照片导入软件之后，可以在软件内部排序、标记、检索或者编辑照片，并且这种编辑是在 Lightroom 内部完成的，而实际上对计算机中的原始照片没有任何影响。另外，向 Lightroom 中导入照片时，只要构建了智能预览，即使将存储照片的硬盘拿走，也依然可以在 Lightroom 中对照片进行管理和后期处理。

类似于 Lightroom 的这种照片管理方式，是基于数据库的，照片被导入后就成了数据库的一分子，无论如何操作，都不会影响计算机上的照片，如图 1-6 所示。

图 1-6

与 ACR 几乎雷同的修片功能

如果在前几年进行后期处理，很多人一定推荐使用 ACR，但近年来，Lightroom 越来越盛行。其实，如果接触过 ACR，就会发现一个很明显的问题，从修片的角度来说，ACR 与 Lightroom 几乎是完全一样的，两者的功能调整面板，只有极少数的功能名称不同，但本质上却是相似的。

ACR 与 Lightroom 甚至连功能面板的设置顺序都完全一致，都是从"基本""色调曲线"一直到"效果""校准"，面板下的功能也完全一样。唯一比较明显的不同在于 Lightroom 的预设面板挪到了界面左侧。

如图 1-7 所示，Lightroom 的功能面板是从上到下分布的。

图 1-7

ACR 的功能面板则是从左向右分布的，如图 1-8 所示。

图 1-8

预设拓展

在 Lightroom 软件中，对"预设"功能进行了拓展和强化，因此也将该面板移到了软件界面左侧。在"预设"面板中，增加了非常多的内置预设功能，这样方便用户对照片直接套用一些好看的预设，实现快速修片的目的，从而提高修片效率。

如图 1-9 所示，就直接套用了黑白预设中的一种效果，可以一步到位地实现很好的黑白照片效果。

图 1-9

除了有大量的内置预设，Lightroom 对于第三方预设的支持程度也很高。也就是说，从一些摄影类网站下载许多他人分享的预设，放到 Lightroom 预设文件夹内，就可以在 Lightroom 的"预设"面板中看到这些第三方预设。在后期修片时，直接套用这些漂亮的预设，有时候能够起到事半功倍的作用。

如图 1-10 所示，笔者下载了一些预设并存放到 Lightroom 的预设文件夹内。对这张照片进行处理时，直接套用了一种预设，得到了很理想的效果。

图 1-10

商业化应用

既然 Lightroom 与 ACR 的修片功能相似度很高，那么该软件致胜的法宝是什么呢？其实很简单，即 Lightroom 在摄影的商业化应用中有更广泛的用途，下面通过两个例子来进行说明。

应用场景 1：在导入照片时，先选中"构建智能预览"复选框，再完成导入，如图 1-11 所示。这样，就可以将导入照片后的这个远小于实际照片大小的 Lightroom 数据库发送给千里之外的其他人，让对方直接使用这个 Lightroom 数据库，对其中的智能预览图像进行修片，修完之后再回传，只要将数据库链接到计算机内的照片上就可以了。这在商业人像摄影领域的应用非常广泛，毕竟这样就可以不必提前挑选照片，再发送庞大的照片数据，只要将整个比较小的数据库发送给修图师就可以了。

图 1-11

应用场景 2：在 Lightroom 的导航栏中，可以看到"画册"等超链接，单击超链接，可以进行排版设计等操作，这为后续的印刷、喷绘等奠定了基础，而不必将照片导出，再借助 InDesign 或者 PageMaker 等软件才能进行排版，如图 1-12 所示。这一点对一些小型的广告公司、工作室等来说是非常有用的。

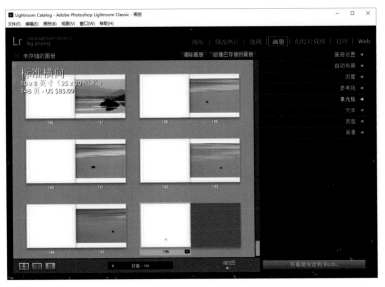

图 1-12

1.3 Lightroom 后期处理的六大优势

RAW 格式在数码后期处理中有诸多明显的优势，而使用 Lightroom 对 RAW 格式的文件进行后期处理可以说是相得益彰。

出片细节更完整、细腻

利用 RAW 格式进行后期处理，最终可以得到细节更完整、更细腻的效果，这是因为 RAW 格式的源文件能够保留所有拍摄时的信息，不会有任何丢失，这样在后期处理调整时就可以以更高的位深度、更大的色彩空间等对照片进行全方位的处理，能够最大限度地还原真实场景的诸多细节和层次。

示例照片由于是大光比逆光拍摄，因此暗部细节损失严重，如图 1-13 所示。在 Lightroom 中对 RAW 格式的文件进行处理之后，还原出了非常细腻、丰富的暗部细节，并且其他部位的色彩和影调也都十分理想，如图 1-14 所示。

图 1-13

图 1-14

功能集成化程度高，操作高效

使用 Lightroom 对 RAW 格式的文件进行处理的另一个重要原因是，与 Photoshop 不同，Lightroom 的功能设置集成化程度更高，这样处理效率会更高。比如，在 Lightroom 中，软件将通常的影调与色调调整都集成在了"基本"面板中，如图 1-15 所示，将镜头校正、暗角消除等也集成在了右侧的面板区域。另外，在面板编辑区域，还有可以对照片进行锐化及降噪处理的"细节"选项卡等。而在 Photoshop 中，要对色彩、影调及画质等进行调整，就要在不同的菜单、不同的面板中分别进行调整，功能非常分散，不利于快速、高效地修片。

图 1-15

易上手，更易学

推荐使用 Lightroom 进行修片的另一个重要原因是这款软件非常简单，对于新手来说，更易上手，可以快速学会数码后期。这里举一个非常简单的例子，在使用 Photoshop 调色时，往往需要在曲线、色阶、色彩平衡等诸多面板中借助混色原理，如互补色、相邻色等对不同的色彩进行调整，也就是说，要进行调色，首先要学会混色原理。但是在 Lightroom 中，要进行调色，只要进入"HSL/ 颜色"面板中，即可直观地看到不同色彩的饱和度、色相、明度，只要有针对性地调整不同的色彩即可，这远比在 Photoshop 中的调色更为直观，更容易理解，如图 1-16 所示。

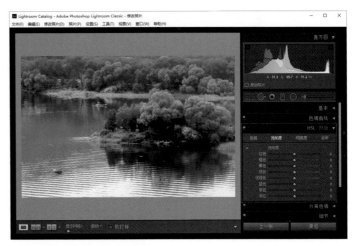

图 1-16

在示例照片中，降低了绿色和黄色等的饱和度，可以看到，画面中绝大部分位置的饱和度变低，如图 1-17 所示。

图 1-17

更新及时，功能强大

　　当前 Adobe 公司对 Lightroom
软件的重视程度越来越高，这就使
得这款软件的功能越来越强大。之
前 Lightroom 被诟病的一点是没有
图层和选区功能，但在最新版的
Lightroom 中，推出了一种名为"蒙
版范围"的功能，利用该功能，用
户就可以对色彩不理想的局部区域或
轻微过爆的区域进行有针对性的调
整，而不影响其他区域，这相当于为
Lightroom 添加了一种选区功能，如
图 1-18 所示。关于"蒙版范围"的
功能设置，在后续章节中会进行详细
讲解。

图 1-18

批处理方便

　　在面对大量同类型的照片或组照
时，如果要在 Photoshop 中进行批量
处理，就需要单独录制动作，即在处
理某张照片时，将所有的处理过程录
制下来，然后再将录制的动作套用到
其他同类型的照片中，相对来说是比
较烦琐的，并且有很多初学者也不会
录制动作。在 Lightroom 中，用户可
以直接在底部的胶片窗格中选中多张
照片进行批量处理，如图 1-19 所示，
这种批处理是非常方便的。

图 1-19

≫ 总结

与Photoshop非常强大、精确的功能相比，Lightroom还有一些不完善的地方，但对于摄影后期处理来说，
Lightroom几乎可以完成绝大多数处理操作，因此，建议摄影爱好者多尝试使用Lightroom进行修片。书中大部分案例
都是在Lightroom中进行处理的，只有极少部分需要深度精修的照片才会与Photoshop进行协作处理，以实现最好的
效果。

第2章
Lightroom 入门与
目录操作

本章介绍 Lightroom 软件界面的功能分布、软件的基本操作技巧，以及 Lightroom 软件的入门操作——目录。

2.1 Lightroom 界面与面板功能

Lightroom 界面功能分布

首先打开 Lightroom 软件，如图 2-1 所示，根据不同的功能类型，将软件的主界面划分为了多个区域，分别为标题栏、菜单栏、导航栏、左侧面板、照片显示区、工具栏、右侧面板和胶片窗格。

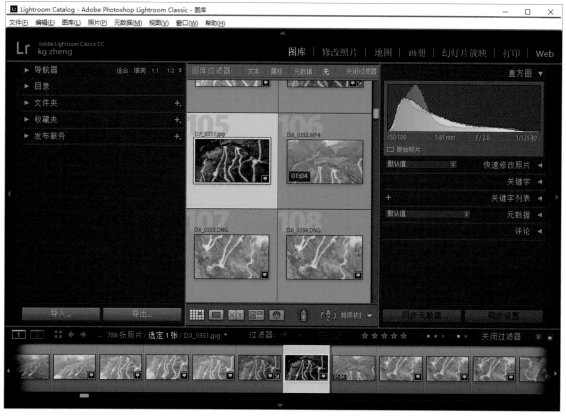

图 2-1

● **标题栏**：标题栏一般位于窗口顶部，用于显示程序名、文件名，同时标题栏也会包含"最小化""最大化"（"还原"）和"关闭"等功能按钮。对于 Lightroom 软件来说，标题栏中还显示了当前的目录名，也可以说是数据库名称。

● **菜单栏**：菜单栏位于标题栏下方，集合了各种功能菜单，如"文件""编辑""帮助"等常规菜单，还有后期处理软件特有的"图像""照片"等菜单。

● **导航栏**：导航栏具有切换图库、修改界面、画册等多种宏观功能。比如，切换到图库界面，对照片和图库进行管理；切换到修改照片界面，可以对照片进行全方位的调整。

● **左侧面板**：主要显示图库及照片的概括性信息。

● **照片显示区**：也可以称为工作区，用于显示照片的视图，用户可以设置照片显示的大小。

● **右侧面板**：此处分布了各种可用于修改照片的面板和功能，即使是在图库界面中，也可以在右侧面板中进行快速修改。

● **工具栏**：顾名思义，工具栏中分布着多种后期处理常用的工具。用户可以在此设置显示处理前后的效果对比、照片的排序，以及是否批量管理照片等。

● **胶片窗格**：也称为照片快速浏览区，此处用于通过缩览图来快速浏览和选择不同的照片。

将 Lightroom 的各个板块简化，可以得到如图 2-2 所示的界面，非常直观地显示了各板块的名称及分布状态。

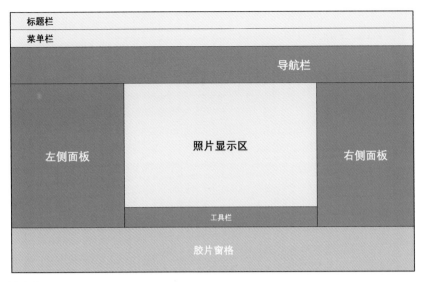

图 2-2

对于 Lightroom 来说，常用的图库、修改照片、画册、幻灯片放映等界面均是这种布局，如图 2-3 所示展示了幻灯片放映的界面，可以看到，面板的分布也是一样的。

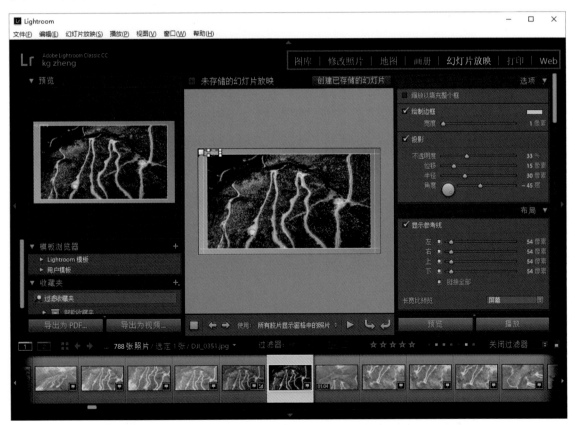

图 2-3

Lightroom 界面使用方法

Lightroom 主界面非常棒的一点就是布局灵活。

打开软件后可以看到，中间的照片显示区实在太小了，不利于观察照片细节。此时可以隐藏其他面板，腾出更多的区域用于显示照片。Lightroom 上、下、左、右 4 个边的中间位置，都有一个朝向外侧的三角标记，单击该三角标记，就可以隐藏对应的上、下、左、右的多个面板，再单击一次就可以展示出面板，如图 2-4 所示。

还可以使用快捷键来控制面板的显示和隐藏，分别按 F5、F6、F7、F8 这几个快捷键，可以控制不同面板的隐藏和显示。例如，按 F5 键可以隐藏上方的导航栏面板，再按一次 F5 键就可以让导航栏面板显示出来。

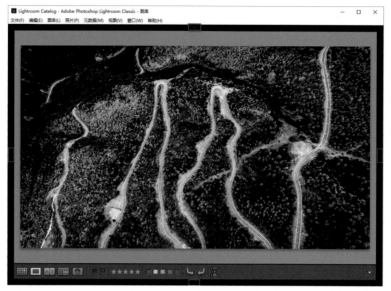

图 2-4

对于照片，可以通过网格视图或者放大视图来展示。在网格视图模式下，能够让照片展示区显示更多的照片，还可以拖动工具条右侧的"缩览图"滑块，来改变缩览视图的大小，如图 2-5 所示。

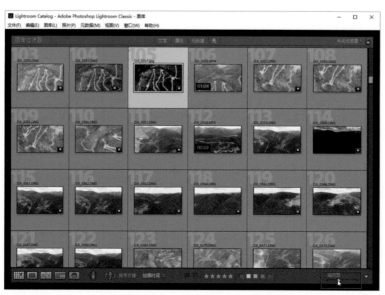

图 2-5

在导航栏中，选择不同的选项，可以切换不同的 Lightroom 功能界面。如图 2-6 所示，当前界面会呈高亮显示，这样就表示当前是处于图库工作界面的。在该界面中可以对照片进行检索、标记、排序、浏览、添加关键字，以及非常简单的色彩和明暗调整等操作。对于业余摄影师来说，大部分情况下，主要就是在图库界面进行照片的管理；而在修改照片界面，则可以对照片进行多角度的后期处理。另外，地图、画册、幻灯片放映、打印、Web 等工作界面也都有各自不同的功能。从整体来看，大多数用户常用的工作界面只有图库、修改照片、画册和幻灯片放映等。

另外，在导航栏的空白处单击鼠标右键，还可以选择显示哪些导航选项，比如可以设置不显示很少用到的打印和 Web 选项等。

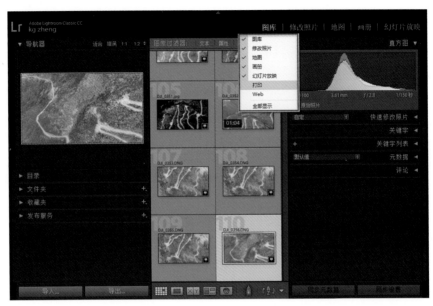

图 2-6

至于菜单栏，在各种不同的菜单内，几乎能找到所有的软件界面设置及功能设置命令。举一个简单的例子，打开"窗口"菜单后，在下拉菜单中可以选择切换到不同的视图界面，如图 2-7 所示。

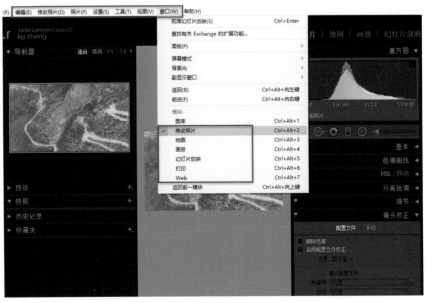

图 2-7

▌2.2 照片的目录与文件夹操作

目录是 Lightroom 软件中非常重要的一个概念，此"目录"并不是传统意义上的那种目录。

认识 Lightroom 的目录

在使用 Lightroom 处理照片之前，要先将照片信息导入数据库，而目录就是导入照片的数据库。这个数据库（目录）记录了在 Lightroom 软件中对照片进行的所有操作，包括对照片的标记、评级及后期处理调整等，并且不会影响原始照片。如果对照片进行了大量的处理，并最终决定输出，将处理后的效果输出就可以了。与此同时，计算机上的原始照片并没有发生任何变化。

如图 2-8 所示，在左侧面板中的目录列表中可以看到本目录一共导入了 1071 张照片，从标题栏中可以看到这个目录的名称。

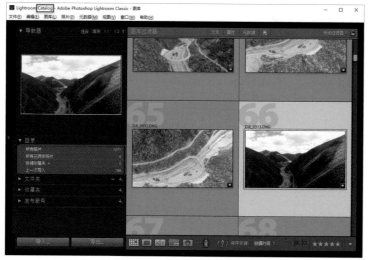

图 2-8

目录是一个总纲，在目录面板中，还有文件夹、收藏夹等子面板。向 Lightroom 中导入照片后，往往是用文件夹来组织的，这样文件夹信息就会显示在文件夹子面板中，方便用户查找具体的照片。

如果对照片进行重新组织，可以放在收藏夹中。另外，在底部的缩览图窗格中，也列出了本目录所有的照片。如图 2-9 所示。

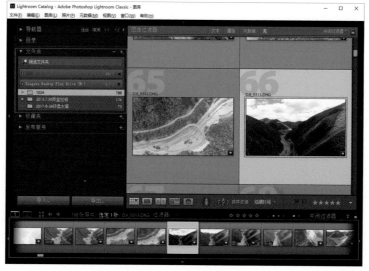

图 2-9

第一次打开 Lightroom 时，软件会默认新建一个名为 Lightroom Catalog.lrcat 的空白目录（数据库），如图 2-10 所示。

　　将照片导入 Lightroom，其实就是导入了这个默认的目录。后续不断导入新的照片，这些新照片也会被导入到默认的目录。用户对照片的所有标记和处理，都会不断地被记录到这个目录中。每次打开 Lightroom 时，都需要先载入这个目录，才能管理导入的照片。如果不进行设置，经过一段时间之后，这个目录的照片数量会越来越多，并且记录的信息量也越来越大，这样每次打开 Lightroom 时，载入目录的时间就会变长，相当于 Lightroom 的启动时间变长了。特别是刚导入照片后下一次再打开时，在载入界面可能要等待很久。

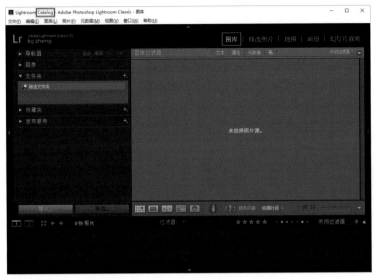

图 2-10

　　通过建立不同的目录可以解决这个问题。例如，从 2010 年到 2018 年，拍摄了数万张照片，如果只有一个目录，那么每次启动 Lightroom 都需要载入这个有数万张照片的数据库，启动会变得非常慢。但如果为 2010 年拍摄的照片建立一个名为 2010 的目录，为 2011 年拍摄的照片建立名为 2011 的目录，以此类推，那么每次启动 Lightroom 时，就只会载入只有几千张的某一年份的目录（即上次使用该软件时使用的目录），这样软件的启动和运行速度就会很快了，如图 2-11 所示。

图 2-11

新建 Lightroom 目录

初次打开 Lightroom 时会自动创建 Lightroom Catalog.lrcat 目录，它是一个加密的文件，默认存放在 C:\ Users\Administrator\Pictures\Lightroom 这一路径下，如图 2-12 所示。用户对照片进行的标记、处理信息都会不断被添加进这个名为 Lightroom Catalog.lrcat 的默认目录当中，这样该目录就会在接下来的时间里不断变大。再次打开 Lightroom 时，需要载入该目录的时间也就会越来越长。

图 2-12

前面介绍过，为了避免默认目录占用系统资源越来越大，可以新建一些不同的目录。选择"文件" | "新建目录"命令，接下来输入文件名，并选择所新创建的目录的保存位置，这里将新创建的"2018 年"图库保存在默认目录所在的文件夹，如图 2-13 所示。需要注意的是，创建新目录后，Lightroom 会自动从当前的界面退出并重新启动，然后载入新创建的"2018 年"目录。

用同样的方法可以创建多个目录，然后将计算机上所拍摄的所有图库文件夹，分别导入对应的目录就可以了。

图 2-13

切换其他 Lightroom 目录

假如正在 Lightroom 中使用"2018 年"这个目录，但现在突然需要使用默认的 Lightroom Catalog 目录，也非常简单，只要在选择"文件"｜"打开目录"命令，然后找到目录所在的文件夹，选择对应的目录文件即可。当然，也可以在"打开最近使用的目录"级联菜单中选择想要载入的目录，如图 2-14 所示。同样的，在切换不同的目录时，需要重新启动 Lightroom。

图 2-14

无论是 Lightroom 默认创建的目录，还是新建的目录，都是默认存储在 C 盘中的，如果重新安装系统，或者计算机系统出现问题，若没有备份目录，那么之前对图库进行的管理，以及对照片进行的处理，都可能丢失。正确的做法是在重装计算机操作系统之前，对目录文件进行备份，或者将新目录创建在图库所在的驱动盘内。比如拍摄的照片大都保存在 E 盘中，那么以后在建立目录时，直接将目录存储在 E 盘中，这样就将 Lightroom 的目录管理与图库绑定在一起了。如图 2-15 所示，将目录文件保存在了图库所在的存储盘中，这样目录的安全就有了保障。

如果之前没有这样做也没关系，在关闭 Lightroom 软件之后，将 C 盘内的目录文件剪切到图库所在的驱动盘中就可以了。以后在使用时，选择"文件"｜"打开目录"命令，然后在弹出的对话框中选择此存储位置的具体目录就可以了。

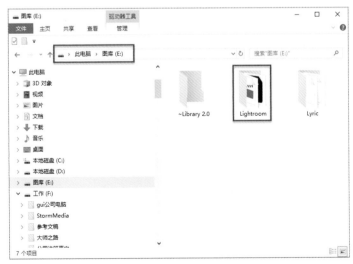

图 2-15

将硬盘内的照片导入

能够接触到 Photoshop 及 Lightroom 等后期处理软件的摄影爱好者，基本上都会有较长一段时间的摄影经历，也积累了大量的照片。

有一些对计算机应用不是很熟练的用户，其图库是这样的：计算机的每个驱动盘里都有自己的照片，如 C、D、E 等驱动盘里或多或少都有照片。另外，还有一种非常无奈的情况，那就是计算机为照片分配的某个驱动盘已经满了，无法继续存储，所以只能再选择其他硬盘分驱来存储照片。基于种种原因最终面临的情况就是图库非常分散，到处都是照片。

在使用 Lightroom 之前，建议大家先对自己的计算机图库进行初步的整理。尽量将所有的照片都放在某一个单独的分驱之内，并且每次出行的照片都放入对应的按照"时间 + 主题"方式命名的文件夹中，如图 2-16 所示。以日期开头的文件夹命名方式，在计算机内会自动排序，这样可以方便用户的管理。

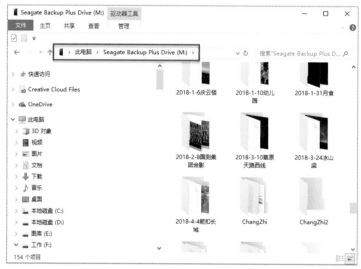

图 2-16

至于具体的文件夹内是否还有一些子文件夹，先不要考虑。同时，将该分区内与摄影无关的文件或者程序移动到其他的地方，将当前分驱作为图库来使用。如果该分驱已满，建议购买一个大容量的移动硬盘，然后在移动硬盘中建立一个名为"图库 2"的主文件夹，以后拍摄的照片，就可以放到移动硬盘内的"图库 2"主文件夹中。

在购买大容量移动硬盘时，无须过于在意便携性，毕竟谁也不会经常插拔和携带外出。重点应该关注品牌、稳定性、存储容量及读写速度。如图 2-17 所示为西部数据推出的移动硬盘。

图 2-17

在对计算机内的图库进行初步清理和调整之后，就可以考虑将不同年份的照片大量导入 Lightroom 目录中，进行专业级的标记、管理和处理。下面通过一个具体的实例来介绍将照片导入 Lightroom 的操作，本例要将存储在计算机图库中的 2018 年所拍摄的照片导入 Lightroom。

打开 Lightroom，选择"文件" | "打开目录"命令，在打开的对话框中，找到目录文件所在的路径，选择建立好的"2018 年"文件，然后单击"打开"按钮，如图 2-18 所示。此时 Lightroom 会自动重新启动，启动后即载入了之前新建的"2018 年"目录，如图 2-19 所示。

图 2-18

图 2-19

 总结

在当前图库自动关闭并打开新图库之前，会出现如图2-20所示的对话框，这是Lightroom提醒用户要备份目录。如果没有备份目录，那么一旦目录丢失，会造成很大的损失。如果已经将C盘的目录文件移动到了图库根路径下，就没有必要再单独备份了，直接单"本次略过"或"本周略过"按钮就可以了。

图 2-20

此时，新打开的"2018年"目录是空的，从 Lightroom 主界面中也可以看到，其中是没有任何照片的。导入计算机图库中的照片是比较简单的，单击目录面板下方的"导入"按钮，如图 2-21 所示。

图 2-21

单击"导入"按钮后可以打开导入设置界面，该界面内所包含的信息量是非常大的，如图 2-22 所示已经对部分重要功能和设置做了标注，下面进行详细的解读。

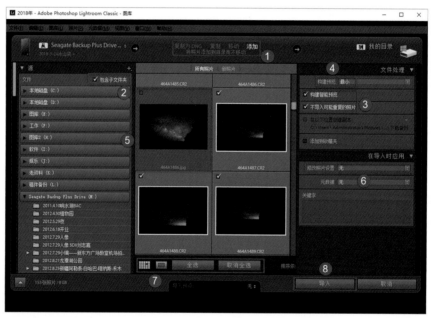

图 2-22

①在该区域，将鼠标指针移动到相应按钮上，下方会出现相应的解释文字，这样方便用户理解按钮的作用。"添加"是指采集计算机上的实际照片的拍摄信息及预览图，导入到 Lightroom 目录中，但不会对计算机的图库产生任何影响。至于另外几个选项，在下一小节会详细介绍。

②在导入照片之前，计算机图库的某些文件夹内，可能嵌套了一些子文件夹，那么选中此复选框就表示在导入照片时会将子文件夹内的照片也导入进来。

③该选项用于过滤一些重复的照片，例如从某文件夹中选出一些较好的照片放到一个新文件夹中，准备冲洗，这样冲洗文件夹内的照片就会与原始照片形成重复，而选中该复选框则可以剔除这种重复，重复的照片会变暗显示，将鼠标指针移动到这些照片上时会有提示。对于"构建智能预览"复选框，非商业摄影师建

议不要选中，否则导入速度会变得极慢。

④此处保持默认即可。

⑤照片缩览图，可以放大或缩小，放大便于观察单独的照片，缩小便于宏观上观察图库。

⑥用于设置导入照片时是否套用一些照片风格，如风光、人像等风格。

⑦用于设置多图显示还是单图显示，多图显示时预览图较小，单图显示时预览图较大。

⑧用于确定导入全部照片还是导入部分照片。

> **≫ 提示**
>
> "构建智能预览"是一个非常有用的选项。通常情况下，影楼等商业机构拍摄的照片，需要发送到其他的专业修图工作室进行后期处理。作为一名影楼摄影师，为客户拍摄了500张照片，大小是15GB，如果要将这15GB照片发送给修图工作室，是非常耽误时间的。利用Lightroom中的"构建智能预览"功能就可以很轻松地解决这个问题。首先，将这15GB照片导入Lightroom，导入时选中"构建智能预览"复选框，然后就可以直接将生成的目录文件（可能只有500MB左右的大小）发送给修图工作室。修图工作室在Lightroom中打开这个500MB的目录文件，就可以直接凭借预览图来进行修片。修好之后，再将这个包含后期处理信息的目录文件发送回来，摄影师也可以直接利用这个目录文件来套用后期处理信息，输出照片。整个过程就相当于对照片进行过压缩，对压缩后的小片进行处理，处理后发回，再将处理效果套用到大照片上。

选择"2018-3-24冰山梁"这个文件夹，设置"添加"选项，设置包含子文件夹，并剔除重复的照片，然后单击"导入"按钮开始导入，在界面左上角显示导入进度条，等待一段时间后，照片就被导入了目录当中，如图2-23所示。用同样的方法，可以将不同的文件夹导入，导入之后，在目录下方的文件夹区域，可以发现文件夹信息被保留了下来，确保照片不会混在一起。

图2-23

如果要从目录中删除某个文件夹，只要单击鼠标右键，在弹出的快捷菜单中选择"移去"命令即可，如图 2-24 所示。如果直接按键盘上的 Delete 键，则需要在弹出的对话框中选择"移去"命令，如图 2-25 所示。

对于从计算机现有图库中导入照片的操作，其实就是如此简单，导入之后，就可以在 Lightroom 中对照片进行全新的浏览、排序、检索、标记及后续的后期处理了。

图 2-24

图 2-25

导入存储卡内的照片

如果不是从图库导入照片，而是从存储卡导入，那么将存储卡接入计算机后，启动 Lightroom，单击"导入"按钮，开始导入之前的设置。此时的导入，是指将存储卡内的照片导入计算机，同时导入 Lightroom 软件。

在左侧的"选择源"中，设置从存储卡导入。"复制为 DNG"表示将存储卡中的照片复制到计算机中，与此同时还要转为 Adobe 公司自己的 DNG 格式，这样后续可能会有更快的运行速度，但问题在于导入时比较慢，并且转换过程中照片可能会有一些偏差，所以并不建议选择该选项；"复制"表示只将存储卡中的图像复制出来；"移动"表示将存储卡内的照片剪切到计算机中；"添加"主要针对的是硬盘内的照片，将其添加到 Lightroom 中。因为是存储卡中的数据，所以一般选择"复制"选项即可，如图 2-26 所示。

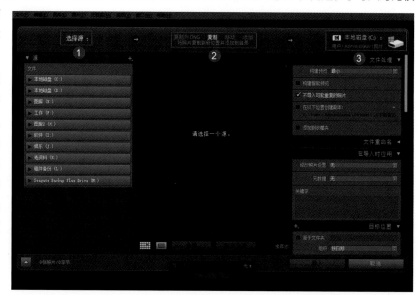

图 2-26

第3章
Lightroom 照片管理技术

　　图库管理的主要内容包括计算机内照片的组织、照片的重命名、关键字添加，照片的标记、检索和筛选等知识，这都是非常容易理解的。本章将对这些知识进行详细介绍，为以后的照片后期处理做好准备。

3.1 定位与同步

2018 年，我拍摄了大量照片，分别放在了不同的文件夹中，后来我进行过一次挑选，将一些处理后的照片放在了一个名为"2018 年"的文件夹中，这个文件夹在 D 盘上，并将照片导入了 Lightroom 中。后来整理图库时，我在计算机上将这个新整理图片的文件夹移动回了图库存储盘 E 盘。

在 Lightroom 中我发现目录中的"2018 年"文件夹图标上多了一个"？"号，且软件无法找到这个文件夹。面对这种因为计算机上文件夹的移动带来的问题，其实很容易解决。只要在这个带问号的文件夹上单击鼠标右键，在弹出的快捷菜单中选择"查找丢失的文件夹"命令，然后在弹出的对话框中重新定位一下就可以了，如图 3-1 所示（只需要定位到大致的文件夹位置就可以了，没必要精确定位到丢失的文件夹）。

图 3-1

许多喜欢外出采风的摄影爱好者大多有一主一副两部相机，分别安装长焦和广角镜头，这样可以在不更换镜头的前提下，拍摄到多视角和风格的照片。例如，在外出采风时，我曾经在很长一段时间内使用佳能 5D Mark III 和 5D Mark IV 这两部相机。一般情况下，5D Mark III 用于拍摄长焦画面，而 5D Mark IV 则装上了广角镜头用来拍摄大场景。采风归来，我会利用 Lightroom 将一部相机拍摄的照片导入计算机中的特定的文件夹中，同时导入 Lightroom；接下来，将另一部相机拍摄的照片只复制到计算机中的同一个文件夹内。那么，Lightroom 中是不是少了第二部相机拍摄的照片？是的，但这是因为我的操作还没有完成。只要使用 Lightroom 的同步功能就可以轻松解决这一问题。简单来说，就是将文件夹内新增的用第二部相机拍摄的照片同步到 Lightroom 中。

具体操作是，在 Lightroom 左侧的文件夹上单击鼠标右键，在弹出的快捷菜单内选择"同步文件夹"命令，然后在弹出的对话框中选中"扫描元数据更新"复选框，单击"同步"按钮，即可将用第二部相机拍摄的照片导入到 Lightroom 中，如图 3-2 所示。

图 3-2

3.2 照片命名规则

从不同渠道获得的照片，其命名方式是不一样的。在进行专业化管理时，可以对这些照片执行一些规范化的命名操作，让照片的命名符合自己的使用习惯。

例如，使用佳能相机拍摄的照片默认的名称往往以 IMG 开头，而使用尼康相机拍摄的照片很多以 DSC 开头，还有许多摄影师在相机内对照片名称做了一些特殊的设置。另外，从网络上保存下来的照片可能是"字母 + 长数字串"的形式。如果某个文件夹内的照片是以多种渠道汇集起来的，那么名称就会非常杂乱，如图 3-3 所示。

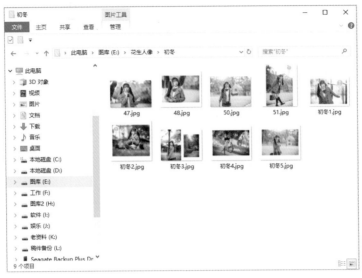

图 3-3

除此之外，即使图库中的照片只有"IMG+ 数字"形式的编号，也不够直观。在 Lightroom 中，可以对照片进行重新命名，将照片命名为非常直观的名称，为用户以后的照片整理、检索提供很大帮助。

对照片的重命名操作是非常简单的。只要在左侧单击要进行重命名文件夹，然后按 Ctrl+A 组合键即可全选该文件夹中的照片。如果只重命名其中的部分照片，那么按住 Ctrl 键再单击就可以选择多张照片。接下来，选择"图库"|"重命名照片"命令，就可以打开"重命名"对话框进行设置了。当然，最简单的办法是直接按 F2 键打开"重命名"对话框。本例选择了 9 张照片，并设置了照片命名方式为"自定名称 - 序列编号"的形式，如图 3-4 所示。

图 3-4

这种形式非常简单、直观。然后自定名称为"初冬"，这是照片拍摄者的名字，后面的编号从 1 开始，最终这组照片就被命名为了初冬 -1、初冬 -2、初冬 -3，……如图 3-5 所示。

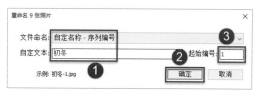

图 3-5

将这组照片重命名之后，以网格视图的方式来观察照片，在每张照片缩览图的上方，可以看到照片的新名称。如果没有在缩览图上方看到照片名称，那是视图选项的设置不同造成的。只要在缩览图四周的空白区域单击鼠标右键，在弹出的快捷菜单中选择"视图选项"命令，然后在打开的对话框中，选中"顶部标签"复选框，并在其后的下拉列表中选择"文件名"，这样就可以将照片文件的名称显示在缩览图的上方了，如图 3-6 所示。一般情况下，建议一直显示文件名，这样可以方便浏览和查看。

图 3-6

3.3 给照片添加关键字

关键字有助于用户快速找到需要的照片，若干年以后，可能很难记起几年前的今天自己拍摄过什么照片，甚至忘记了照片当时的拍摄场景、拍摄地点，如果有关键字标记，那么就永远不用担心忘记照片背后诸如拍摄地点、拍摄对象等信息了。

在导入照片时可以顺手添加关键字，但匆忙之间难免犯错，所以强烈建议在将照片导入完成后，再认真地进行关键字的添加。这一切主要是在 Lightroom 软件界面右侧的"关键字"面板中进行的。

在"关键字"面板下方，有两处位置可以通过键盘输入的方式为照片添加关键字。选中要添加关键字的照片之后，在上方较大的空白区域单击，就可以输入关键字了。输入时要注意在关键字之间用","（逗号）隔开，输入完毕后按键盘上的 Enter 键即可完成添加。另外，在该文本输入框下方还有"单击此处添加关键字"的标志，单击鼠标，即可在此处输入关键字。每输入一个关键字，按一次 Enter 键，即可将关键字添加到上面的区域。下一次输入时，关键字之间会自动被","（逗号）隔开。如果要一次性输入多个关键字，就需要手动用","（逗号）隔开。这里我在预览窗口中选择了多张照片，为照片添加了 "2016，妃儿，华农"等3 个关键字，在添加了关键字的照片缩览图的右下角，有一个黑色标记，如图 3-7 所示。

图 3-7

如果多张照片是顺次排列的，那么在为这些照片添加关键字时，只要按住 Shift 键，选择第一张照片，再选择最后一张照片，就能同时选中这两张照片之间的多张照片，然后进行关键字的添加就可以了。但如果照片不是顺次排列的，而是分散在文件夹中的多个位置，那么就需要按住 Ctrl 键，然后分别选中这些分散的照片，再进行批量添加关键字的操作，这样做相对来说还是比较麻烦的。Lightroom 有一种非常好用的工具叫作"喷涂工具"，类似于 Word 中的格式刷。选择"喷涂工具"，在其后面的关键字

文本框中输入要设置的关键字，然后在想要添加关键字的多张照片上分别单击，就可以添加同样的关键字了。

下面介绍具体的使用方法。在工具栏中单击"喷涂工具"，在其后的文本框中输入想要添加的多个关键字（要注意，多个关键字之间也要用"，"隔开），如图 3-8 所示，然后就可以在想要的照片上单击了。单击一次，即可将这些关键字添加到照片上，接下来分别单击其他想要添加关键字的照片就可以了，如图 3-9 所示。

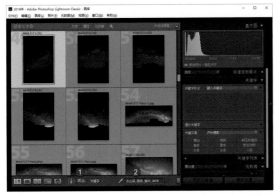

图 3-8

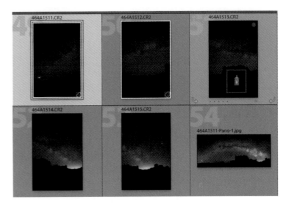

图 3-9

为照片添加关键字之后，在下方的"关键字列表"子面板中，就可以看到之前使用过的大量关键字。将鼠标指针移动到某个关键字条目的右侧，会出现一个向右指的箭头，单击该箭头表示使用该关键字进行照片的检索。例如，本例中单击"2018"

关键字条目右侧的箭头，那么图库中包含 2018 关键字的照片就会被全部检索出来，呈现在照片浏览窗口内。

在选中某张照片时，关键字条目的左侧有✓号标记，这表示选中的照片被添加了带✓号所对应的

关键字。此处选择一张照片，可以看到"2018，冰山梁，银河"等关键字前面带有标记，这表示该照片有这3个关键字，如图3-10所示。单击其中某个关键字条目前面的✓号，可以取消✓号，表示将该关键字清除掉，让照片只剩下2个关键字。同样的，如果选中某张没有关键字的照片，那么关键字列表前面就不会有✓号，单击可以让关键字前出现✓号，就表示为照片新添加了关键字。

即使只针对某个文件夹内的一组照片添加了多个关键字，但是如果对整个计算机图库的照片进行管理，可能会使用数十甚至上百的关键字，长长的列表查看起来非常麻烦。针对这一点，使用关键字的嵌套可以轻松解决。所谓的关键字嵌套，是指将一些概念比较"大"的关键字作为父关键字，如风光、人像、微距等，而将风光中的林木、山川，人像中的室内人像、公园人像等比较"小"（具体）的关键字作为子关键字，两者嵌套在一起。

来看具体的例子。在图3-11中，先选中一张有关银河的照片，然后在"银河"关键字条目上单击鼠标右键，在弹出的快捷菜单中选择"在'银河'中创建关键字标记"命令，这时会弹出对话框，在对话框中将关键字命名为"接片"，对话框中下面的参数保持默认即可，最后单击"确定"按钮，即可为"银河"这一关键字创建子关键字，如图3-12和图3-13所示。

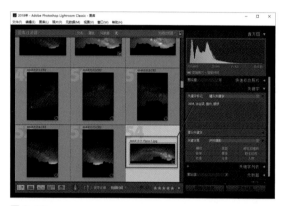

图 3-10

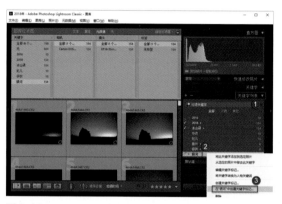

图 3-11

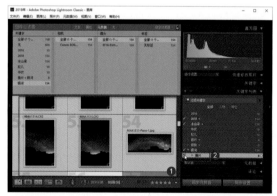

图 3-12

图 3-13

≫ 总结

一般情况下，"风光"父关键字下可以使用"林木""山川""瀑布""溪流"等子关键字，"人像"父关键字下可以使用"室内人像""公园人像""酒吧人像""小清新""时尚"等这类具体的子关键字。另外，微距等题材也可以设置具体的子关键字。

关键字列表中只显示父关键字，就会显得简洁很多，最终再在不同的父关键字下使用子关键字。这样的关键字管理方式是比较有条理性的。

3.4 标记照片：旗标、星标与色标

对照片进行标记，是Lightroom照片管理的核心功能。常用的照片标记主要有3种，分别是星标、旗标和色标。在Lightroom照片显示区下方的工具栏内，可以看到这3类标记工具。如果没有看到某种标记工具，也没关系，只要在工具栏最右侧单击下三角按钮，打开下拉菜单，在其中选择缺少的标记工具就可以了，如图3-14所示。

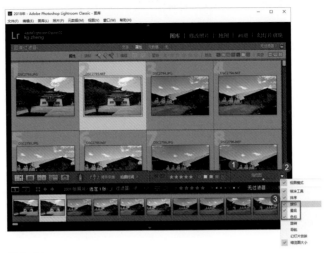

图 3-14

星标

标记工具的使用非常简单，先来看旗标的使用方法。在照片显示区中，选中某张照片，然后将鼠标指针移动到工具栏的"旗标工具"上，在几颗星的位置单击，就为照片添加了几颗星的星标，如图3-15所示。例如，先选中某张照片，然后在工具栏中星标工具的3星位置单击，那么就将该照片标记为了3星；如果要取消星标，在3星上再单击一次即可。

另外，对于尚未添加星标的照片来说，将鼠标指针移动到照片上时，照片底部会有5个小黑点，此处与工具栏中的星标工具一样，在某个黑点上单击，就可以将照片标记为不同的星级，取消星标的方法也是再次单击对应位置。

图 3-15

星标是最常见的一种标记工具，几乎所有的后期处理工具都有星标功能。甚至数码单反相机也都内置了这种功能，用户在拍完照片后就可以对照片添加星标，完成分类。在实际应用中，建议不要将星标设置得过于复杂，使用其中的 2 种或 3 种星标即可。

假如将照片分为了 1～5 这 5 级星标，除了最满意的 5 星照片之外，其他 4 种级别要怎么处理呢？

其实对于照片的管理，我从来都只是做 3 种星标：分别是 1 星、3 星和 5 星。其中，1 星代表留用而不删除，偶尔浏览一下作为纪念；3 星代表准备处理的原片；5 星代表我自己比较满意的、处理之后的照片。

给照片做好星标之后，在工具栏下方的过滤器中，可以使用星标过滤器工具挑选照片。本例中设置 ≥ 4 星的过滤条件，就可以将图库中 4 星及以上星级的照片全都过滤出来，显示在照片显示区，如图 3-16 所示。

图 3-16

旗标

与星标相比，旗标就简单、实用了很多，只分为"标记为留用"和"设置为排除"这两种。选中某张照片之后，单击旗帜图标，即可将照片设置为留用；如果单击带 × 号的旗帜，则将照片设置为了排除，表示最终可能会删除掉该照片，如图 3-17 所示。使用快捷键操作会使标记过程更为简单，选择某张照片，按键盘上的 P 键，即可将照片标记为留用；按 X 键则表示排除照片；如果操作出现了失误，那么可以按 U 键取消已经添加过的标记。

一般情况下，将照片刚导入 Lightroom 后，使用旗标对照片进行筛选会非常方便。对焦、曝光等出现严重问题的照片，可以直接标记为排除，其他照片可标记为留用，或者不进行标记。这样对筛选之后留下的照片进行下一步的处理就可以了。

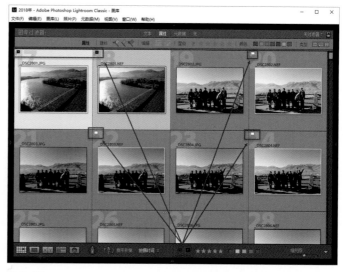

图 3-17

在工具栏下方的过滤器中，旗标有 3 个选项，分别为"留用的照片""无旗标的照片"和"排除旗标的照片"。本例中过滤出了留用的照片（如 3-18 左图所示）和排除的照片（如 3-18 右图所示）。另外，需要注意的是，可以同时开启其中任意两种旗标进行过滤。比如同时启用"留用的照片"和"无旗标的照片"这两个条件进行过滤，这样就同时过滤出了有留用旗标和没有旗标的照片。当然，也可以过滤出有旗标的照片和排除旗标的照片。

图 3-18

过滤出了设置为"排除旗标"的照片后，就可以选择"照片"｜"删除排除的照片"命令（或者是按 Ctrl+A 组合键全选过滤出的照片，然后按 Delete 键），对照片进行删除操作。在弹出的对话框中有两个按钮，分别是"从磁盘删除"和"移去"，如图 3-19 所示。这两个选项分别代表从计算机中删除照片和从 Lightroom 中删除照片。大多数情况下，对刚导入计算机和 Lightroom 的照片，进行初步遴选时，建议直接单击"从磁盘删除"按钮，从计算机中彻底删掉排除的照片即可。

图 3-19

色标

顾名思义,色标是为照片添加某种特定色彩的标记,默认情况下有红色、黄色、绿色、蓝色和紫色共5种色标。许多人不明白色标的含义所在,不知道怎样使用色标标记照片,这是因为把色标想得太复杂了。其实,对色标最简单的应用是结合照片色彩来进行标记。例如,对于夏季包含大量绿植的风光题材,就可以标记为绿色;对于蓝天、白云等一般的风光题材,则可以标记为蓝色;而早、晚两个时间段的暖调画面,可以标记为红色等,如图 3-20 所示。

在给大量照片添加色标时,也可以使用"喷涂工具"。选择"喷涂工具"后,只要确保后面变为"标签颜色",设置不同的颜色,然后在不同的照片上单击,就可以设置相应颜色的色标了。

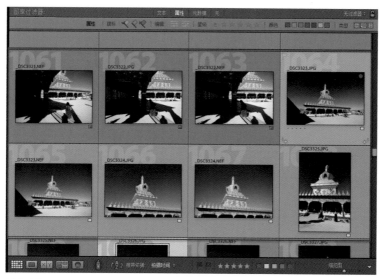

图 3-20

对于色标的定义,其实是可以更改的。具体操作时,在菜单栏中选择"元数据"丨"色标集"丨"编辑"命令,如图 3-21 所示。这时会打开如图 3-22 所示的对话框,在该对话框中可以对色标所代表的含义进行修改,最后单击"更改"按钮完成操作即可。

图 3-21

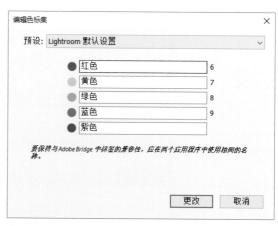

图 3-22

3.5 检索和筛选照片

为照片添加星级、旗标或色标都是为了标记照片，为后续的照片筛选和检索做好准备。

在图片显示区上方的过滤器中，有 4 个选项，分别为"文本""属性""元数据"和"无"，在进行照片检索之前，默认处于无过滤条件的状态，此时显示区会显示出所打开文件夹中的所有照片，而无论照片是否有标记，如图 3-23 所示。

图 3-23

先来看第一个过滤条件。单击"文本"，使其处于高亮显示状态。在"文本"右侧的下拉列表中可以选择文件名、关键字等筛选条件，本例中设置为了以文件名为搜索条件，再输入 28，表示将要筛选出文件名中包含 28 的照片，如图 3-24 所示。这样最后在照片显示区中就只会显示文件名包含 28 的照片。

图 3-24

第二个过滤选项为"属性"。该选项就简单了很多，可以将旗标、星级和色标作为标准来进行照片的筛选。例如，单击第一个旗标，表示筛选条件为"留用的照片"，这样就可以将所有留用的照片都筛选了出来，如图 3-25 所示。从图中可以看到，标注了旗标的照片都被筛选了出来，本次一共筛选出了 3 张照片。

图 3-25

筛选条件是可以组合使用的，在前面设置筛选"留用的照片"的基础上，再在后面的星级中设置筛选 ≥ 3 星，这样筛选条件就变为了"留用的照片"+ ≥ 4 星，最终满足筛选条件的照片就会变少，如图 3-26 所示。这样就剔除掉了虽然标有旗标，但却不满足 ≥ 4 星标记的几张照片。

当然，还可以继续增加筛选条件，进行更多条件的筛选，这样可以更精确地筛选出想要的照片。

图 3-26

第三个过滤选项为"元数据"。单击"元数据"后，下方会显示多组非常详细的过滤条件，默认情况下有日期、相机、镜头和标签这4个条件，在这些条件中，可以将照片的标记、拍摄时间、拍摄器材、参数等作为过滤条件，并且可以组合多个条件进行过滤，这样可以快速、精确地检索出满足不同筛选条件的照片。

　　本例中设置筛选≥4星标记的照片，然后再从"元数据"中的"镜头"列表中设置筛选使用13mm～24mm镜头拍摄的照片，最终筛选出了3张满足上述两个条件的照片，如图3-27所示。

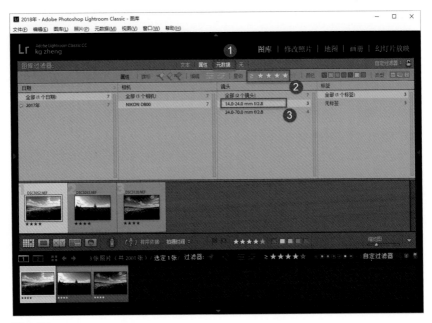

图 3-27

　　如果取消限定条件≥4星，只是限定筛选使用13mm～24mm镜头拍摄的照片，那么选择出的照片就有很多，如图3-28所示。

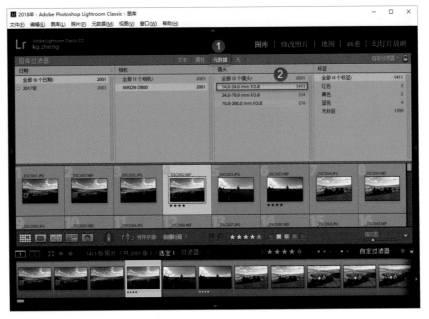

图 3-28

3.6 使用收藏夹组织与管理照片

导入到 Lightroom 中的照片，最初还是以文件夹的形式来组织的，并且不同存储盘内的文件夹是分隔开的，这在左侧"文件夹"子面板中可以看到。但"收藏夹"子面板则是一套完全不同的体系，这种体系打破了计算机上文件夹的组织形式，是从全图库的范围来组织照片的。

图 3-29

例如，我在 2018 年拍摄的照片是保存在多个文件夹内的，将它们导入 Lightroom 时这些文件夹也被保留了下来，这在"文件夹"子面板中可以看到，如图 3-29 所示。

借助于"收藏夹"功能，可以在整个 2018 年拍摄的所有照片范围内挑选自己满意的照片，即时地纳入到"收藏夹"中，并且这个过程是不需要逐个文件夹挑选的，只要设置一定的过滤条件，将自己最满意的照片筛选出来，放入"收藏夹"就可以了。

下面来看具体的操作过程。首先，单击"收藏夹"子面板，在其中唯一的条目"智能收藏夹"上单击鼠标右键，在弹出的快捷菜单中选择"创建收藏夹集"命令，弹出"创建收藏夹集"对话框，在其中为将要建立的收藏夹命好名字，本例将文件夹命名为"2018 年精选"，如图 3-30 所示。至于下面的"位置"选项，先不要处理，最后单击"创建"按钮即可。

接下来就可以在"收藏夹"面板中看到刚创建的"2018 年精选"作品收藏夹了。设想一下，如果将成百上千张照片放到这个收藏夹内，浏览时是不太方便的，所以可以在这个"2018年精选"作品收藏夹的内部创建几个子收藏夹，如人像、风光、微距、建筑等。本例创建的是"风光"子收藏夹。创建时也比较简单，在"2018 年精选"作品收藏夹这一条目上单击鼠标右键，在弹出的对话框中将名称命名为"风光"，在下方选中"在收藏夹集内部"复选框，并在下拉列表框中选择"2018年精选"收藏夹，这样就表示新建的"风光"收藏夹位于"2018 年精选"作品收藏夹内，是一个子收藏夹，如图 3-31 所示。

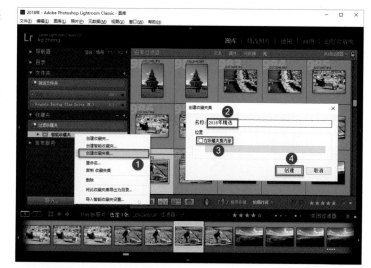

图 3-30

利用过滤器对照片进行过滤，筛选出整个 2018 年我们拍摄的、自己满意的风光摄影作品，然后按 Ctrl+A 组合键，全选筛选出来的照片，将其拖动到刚建立的"风光"子收藏夹中就可

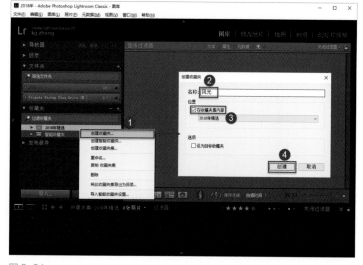

图 3-31

以了，如图 3-32 所示。同理，可以新建
"人像"子收藏夹，筛选出 2018 年拍
摄的人物摄影作品后，拖动到"人像"
子收藏夹。这样就实现了对整个计算机
上 2018 年所有照片的筛选和组织。

使用文件夹组织照片时，如果离
开图库界面，切换到修改照片界面，是
无法看到"文件夹"面板的，这样使用
起来就不方便了。但即使是在修改照片
界面中，也可以看到收藏夹面板，如图
3-33 所示。也就是说可以随意地从某
个收藏夹内找到不同的照片进行后期处
理。这也是利用"收藏夹"组织与管理
照片的另一个较大的优点。

相较于普通的收藏夹，另一种收藏
夹的功能更为强大，使用起来可能会更
方便一些，即智能收藏夹。使用普通收
藏夹要先建立好空的收藏夹，然后利用
过滤器在全图库内过滤和筛选照片，最
终将筛选出来的照片拖入到收藏夹中，
整个过程分为两个环节。但智能收藏夹
则不同，是在建立智能收藏夹的时候，
就要设置过滤和筛选条件，在建立好智
能收藏夹的同时，符合条件的照片就被
导入了进来。

来看具体的操作过程。在收藏夹中
的某个条目上单击鼠标右键，在弹出的
快捷中选择"创建智能收藏夹集"命令，
弹出"创建智能收藏夹"对话框，如图
3-34 所示。在该对话框中，有关名称、
位置的设置与前面介绍的普通收藏夹是
一样的，本例将新建的智能收藏夹命名
为"人像"，也是放在"2018 年精选"
父收藏夹内，这里不再赘述。主要来看
下面的匹配设置，在"匹配"选项区域，
默认有一个过滤条件，可以设置过滤条
件为"关键字"，规定关键字为"人像"
的照片被筛选出来。单击"创建"按钮，
完成操作。这样，满足过滤条件的照片
就会被自动添加到创建好的"人像"收
藏夹内。

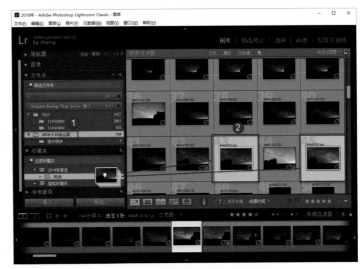

图 3-32

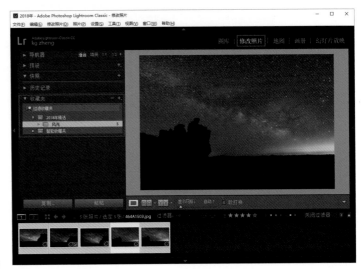

图 3-33

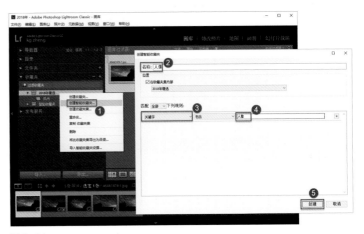

图 3-34

这时，就可以看到符合建立智能收藏夹时所设置条件的照片已经被保存到了"人像"智能收藏夹中了。仔细观察一下可以看到，"2018年精选"父收藏夹下的两个子收藏夹图标是不一样的，"风光"收藏夹是一个普通收藏夹，而"人像"智能收藏夹图标的右下角有一个星号标记，如图3-35所示。

　　如果想要删除某些收藏夹，先选中该收藏夹，直接按Delete键就可以了。删掉收藏夹后，照片依然存在，不会被从计算机上删除。

图3-35

>> 总结

Lightroom的照片管理功能是非常强大的，虽然本章介绍了添加与删除照片的方法、各种标记照片的方法、重新组织和管理照片的方法等各方面的知识，但仍然不太全面，需要用户自己多加练习，熟悉更多的照片管理知识。

另外，为避免初学者对已经讲过的内容感到混乱，这里进行一下梳理。

（1）新导入计算机中的原有文件夹的照片，其实不需要随时导入Lightroom，只要在Lightroom进行同步操作，就可以将新照片同步到Lightroom当中。

（2）色标、星标、旗标的主要作用是方便用户快速找到想要的照片；而关键字除方便用户查找外，还可以帮助用户记忆拍摄主题或场景。

（3）在检索照片时，很多检索条件无法全部显示出来，需要用户在筛选器的多个下拉列表中找到才能使用。

（4）当向Lightroom中导入照片时，文件夹结构也会被导入。除此之外，还可以利用收藏夹在全目录的所有文件夹范围内快速筛选和组织照片，这是非常强大的功能。

第4章
快速学会摄影后期处理

为什么现在的照片后期处理会使用 Lightroom 呢？本章将通过剖析 Lightroom 的特点来做出解答：该软件可以对大量照片进行数据库化管理，在节省磁盘空间的前提下提高管理效率；该软件可以对照片进行非常专业的后期处理，让用户得到完美的照片效果。

4.1 初步调整构图

将拍摄的照片导入 Lightroom，选中该照片后，在上方的导航栏中切换到"修改照片"界面，如图 4-1 所示。

图 4-1

观察照片之后，可以看到主体有一些稍稍向右倾斜，因此先调整照片的水平。在右侧面板的工具栏中单击"裁剪叠加"按钮，展开裁剪设置界面，根据照片的实际情况，向左拖动"角度"参数，旋转照片让主体不再向右倾斜。调整照片的水平之后，照片四周会出现可调整的标记线，将鼠标指针放在标记线上拖动可以改变构图范围的大小。

调整水平并确定构图范围之后，单击照片显示区域下方的"完成"按钮，这样可以完成二次构图的调整，如图 4-2 所示。

图 4-2

4.2 影调调整

展开"基本"面板，进行影调、色彩、清晰度等的全方位调整。在调整之前要注意：在"处理方式"选项组中要选择左侧的"彩色"，如果选择右侧的"黑白"，则表示要将照片转为黑白进行调整；"配置文件"则相当于为照片配置一种照片风格，初学者可以在"配置文件"列表中选择风光、标准人像等不同的风格，但要在进行系统后期处理的前提下，保持默认的 Adobe 颜色选项；单击"配置文件"右侧的按钮，可以选择不同的预设，因为要对照片进行全方位后期处理，所以没有必要在此进行配置，保持默认设置即可。具体有设置如图 4-3 所示。

首先调整照片的影调。这里要注意，一般不会先调整色温与色调，因为调整过色温与色调之后再调整影调，会对照片的色彩产生较大影响；如果先调整明暗再调整色彩，那么色彩变化对明暗的影响相对小一些，所以正确的流程是先调整影调再调整色调。

图 4-3

在调影调时，首先观察界面右上方的直方图，通过调整曝光度来让直方图波形的重心位于"直方图"面板的中间位置。所谓的中间位置，是指直方图的重心大致位于直方图框的中间。本例因为照片中的云海、雪地等亮度都是比较高的，所以我们还可以根据实际情况，在标准亮度的基础上稍稍地提高一点曝光值，让画面比较明亮一些，如图 4-4 所示。

图 4-4

调整好照片整体的明暗之后，接下来对照片最亮与最暗的部分进行重新定义。首先向左拖动"黑色色阶"滑块，因为原图当中照片最暗的部分是不够黑的，没有达到 0 级亮度，也就是纯黑，所以向左拖动"黑色色阶"滑块，如图 4-5 所示。如果拖动的幅度比较大，那么"直方图"面板左上角的三角警告标志变白，这表示已经有大量的黑色像素变为纯黑，即出现了暗部溢出。

图 4-5

出现了暗部溢出后，要稍稍向右拖动"黑色色阶"滑块，让三角警告标记不再变白，恰好不变白时，表示将照片当中暗部像素刚好调整到最黑，但又没有大量的像素堆积，这样暗部就调整到位了，如图 4-6 所示。

将"黑色色阶"恢复后，三角标记不再呈白色，但是有可能会呈现出彩色，比如本例中变为了青色，这是没有太大关系的，这表示只有青色色彩信息在暗部有一定损失，但照片最暗部分的像素亮度没有彻底损失掉（损失了青色，仍然有其他色彩信息进行叠加，这样会有暗部色彩失真，但不能说暗部溢出）。本例将"黑色色阶"调整到 38 时，基本能够满足要求，如图 4-7 所示。

接下来，介绍一种调整暗部的技巧。当向左拖动"黑色"滑块时，按住键盘上的 Alt 键，整个照片画面会变为纯白，待出现黑色像素时停止拖动，这样基本上就能保证调整会达到一个比较准确的程度，如图 4-8 所示。

图 4-6

图 4-7

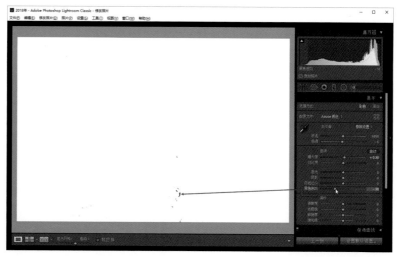

图 4-8

接下来用同样的方法重新定义照片的白色，向右拖动"白色色阶"滑块，重新定义照片当中最白的像素，如图4-9所示。"直方图"面板右上角的三角标志变为了蓝色，这表示高光部分有蓝色信息的损失，但是高光并没有彻底溢出，继续向右拖动，在警告标记变白时，往回拖动一些，这样基本上就可以对白色色阶完成重新定义。

图4-9

同样，也可以按住键盘上的Alt键拖动"白色色阶"滑块，待整个黑色画面出现白色像素之后停止拖动，这样就能恰到好处地定义好白色。如果画面当中出现的白色像素过多，那么"直方图"面板右上角的三角标志会变白，这时只要向回拖动一些就可以了，如图4-10所示。

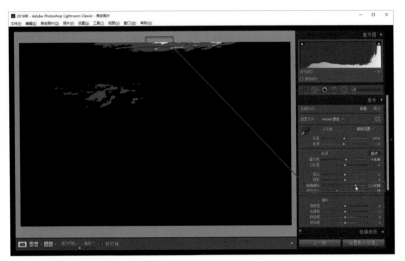

图4-10

定义好照片的曝光值、白色及黑色后，照片整体的色阶初步调整完成。此时观察照片中的高光及暗部区域，会发现肉眼对亮部和暗部区域的层次分辨能力是比较弱的，这时可以通过降低"高光"参数值来恢复亮度，让亮部变暗，让层次显得更明显、更丰富一些；向右拖动"阴影"滑块可以让暗部的层次更加丰富、明显起来，如图4-11所示。

图4-11

即使对照片的曝光值、高光、阴影、黑色色阶、白色色阶等参数调整到位，照片看起来仍然不够理想，这是因为照片的影调层次不够鲜明。这时，就可以通过提高对比度来强化照片的影调层次，让照片看起来更加漂亮，因此，向右拖动"对比度"滑块，照片的影调层次就变得非常理想了，如图 4-12 所示。

经过以上调整，将照片最亮及最暗的部位都调整到位，并且将照片直方图的整体位置也进行了调整，让照片的明暗合理，也就是说，通过以上几个步骤的调整，就可以初步完成对照片影调的优化。

图 4-12

对照片的曝光值、对比度、高光、阴影、白色色阶、黑色色阶等参数调整完毕之后，可以在整体上再对各种参数进行一定的微调，最终就让照片的影调层次变得比较理想，如图 4-13 所示。

图 4-13

4.3 利用清晰度强化轮廓

调整照片明暗影调层次后，提高"清晰度"参数，可以看到照片中景物的边缘轮廓会得到强化，照片会显得更加清晰，线条更加明显，如图 4-14 所示。

图 4-14

提高"清晰度"后，因为强化了景物边缘轮廓，会对照片原有的一些白色、黑色对比度等产生新的影响，因此在提高"清晰度"后，往往还要对其他的影调参数进行微调，让照片整体看上去更加理想和协调，如图 4-15 所示。

图 4-15

4.4 色彩调整

强化色彩感

在"基本"面板底部，有"自然饱和度"和"饱和度"参数，经过上述调整，如果觉得照片色彩感仍然偏弱，画面不够优美，这时可以分别提高"自然饱和度"和"饱和度"。

"自然饱和度"的调整只针对照片中饱和度偏高或偏低的色彩，比如，提高"自然饱和度"，那么照片中原本饱和度偏低的蓝色等色彩感就不会变强，变得更加浓郁，而原本饱和度就比较高的色彩，饱和度一般不会发生变化。

"饱和度"参数则不同，一旦提高"饱和度"，那么照片中所有颜色的纯度都会变高，这时会产生新的问题，原本饱和度就比较高的色彩，再次提高饱和度之后，可能会出现色彩信息的溢出，画面就会严重失真。

在绝大多数风光题材的作品中，会稍稍降低全图的"饱和度"，确保不会有色彩出现较大的提升，然后再大幅度提高"自然饱和度"，确保色彩感偏弱的色彩能够更鲜艳，如图 4-16 所示。

另外，有时候，即使需要全图提高"饱和度"，提高的值也会比较低，而对"自然饱和度"的调整，幅度就会大一些。

图 4-16

白平衡校正

照片色彩感变强后，有助于观察和分析照片的色调，如果出现了偏色的问题，那么一般需要通过调整"白平衡"来解决。

所谓白平衡，即以白色为标准或参照物，来识别其他色彩。比如，同样的红色，分别放在不同颜色的背景中，人们感受到的红色是不一样的，如图 4-17 所示。

其实，只有红色与白色对比，才能看到真实的红色，其他背景色中的红色都是不准确的。后期处理软件对于色彩的还原或校准就是以白色为基准进行操作的，在调整照片时，只要找准了白色，那么基本上就能够准确地还原照片色彩，如图 4-18 所示。

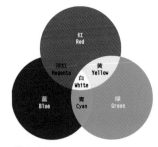

图 4-17

图 4-18

在 Lightroom 中对照片进行"白平衡"校正，是在"基本"面板中完成的。当进行"白平衡"校正时，选中面板左上角的"白平衡选择器"工具，如图 4-19 所示。

将鼠标指针移动到照片中接近中性灰的位置，此时鼠标指针周围会出现"拾取目标中性色"面板，面板中间的色块是选择的中性灰，通过左右移动鼠标可以尽量让中间接近于实际的中性灰。

在选择时可以观察底部的 RGB 参数，这 3 个值越相近，表示选择的中性灰越准确，理想的状态是这 3 个值是相等的，但大部分情况下很难找到 RGB 这 3 个值相等的中性灰位置，所以具体调整时只要这 3 个值大致相近就可以了，如图 4-20 所示。

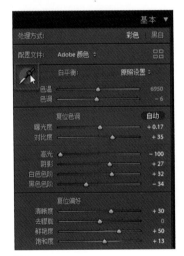

图 4-19

图 4-20

选择中性灰之后单击就可以完成白平衡的初步校正，可以发现"基本"面板中的"色温"与"色调"参数发生了变化，如图 4-21 所示。

也就是说，利用"白平衡选择器"工具进行白平衡的重新定义与直接在"基本"面板中拖动"色温"与"色调"滑块在本质上是一样的。

图 4-21

直接对照片进行白平衡校正，可能并不准确，所以还可以在右侧的"基本"面板中手动改变"色温"与"色调"值，来对白平衡的调整结果进行一些微调，让照片的色彩更加准确，如图 4-22 所示。经过上述调整，就完成了照片的色彩校正和优化。

单击照片显示区下方的"切换各种修改前和修改后视图"按钮，可以看到照片修改前和修改后的效果对比，如图 4-23 所示。

当然还可以在显示区底部单击不同的视图设置来观察照片的不同状态。关于这些按钮的使用方法因为非常简单，这里不进行过多阐述。

图 4-22

图 4-23

4.5　一键修大片

下面介绍 Lightroom 一个比较特殊的功能——去朦胧功能的使用技巧。在 Photoshop 的增效工具 Camera Raw 中，这个功能被称为"去除薄雾"。

去朦胧功能的用途是降低照片中的灰雾度，提高照片的通透度，让画面变得通透起来，让层次变得更加丰富、鲜明。老版本的 Lightroom 的去朦胧功能在"效果"面板中，但在新版本中，该功能被设置在了"基本"面板中。

下面通过一个案例来介绍去朦胧功能的使用方法。

首先打开要处理的照片，切换到"修改照片"界面，展开"基本"面板，此时的照片画面如图 4-24 所示。

不要进行任何调整，直接拖动"偏好"选项组中的"去朦胧"滑块，大幅度提高"去朦胧"值，如图4-25所示。

"去朦胧"值越高，照片的通透度也会越高，但这个值变高之后会出现一些明显的问题：照片的边缘部分会出现严重的色彩失真。所以"去朦胧"值不能设置得太高，当然也不能设置得太低。

无论"去朦胧"的值如何，照片一定会出现色彩及影调的失真问题，这时就需要结合其他的影调及色彩调整参数对画面进行全方位的调整，并且在调整时还有可能要借助其他面板中的一些工具来实现。对照片影调、色彩及细节进行优化，参数设置及画面效果如图4-26所示。

图 4-24

图 4-25

图 4-26

4.6　照片存储设置

　　将照片处理完成后，即使直接切换到其他照片，处理过程也会被保留下来，保存在 Lightroom 数据库中，下次浏览该照片时也会显示处理后的状态。

　　如果要将处理后的照片分享和上传到网络，就需要对照片进行导出。

　　在导出照片时，可以选择"文件"｜"导出"命令，如图 4-27 所示。此时会弹出"导出一个文件"对话框，如图 4-28 所示。首先，在"导出位置"面板中，可以设置将照片导出到原照片的存储位置还是新的位置。大部分情况下，可以将照片导出到原位置（如果要导出到新位置，只要在"导出到"下拉列表中选择"指定文件夹"选项，然后选择新位置就可以了）。

图 4-27

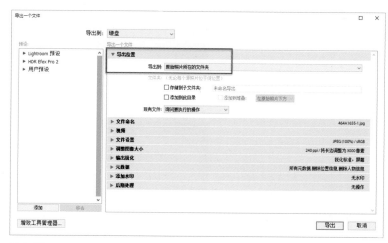

图 4-28

　　接下来设置导出文件的命名方式。在设置导出照片的文件名时，如果不进行任何设置，那么系统会自动以原文件名存储。但不建议这样做，因为可能会与 Lightroom 内的原始文件产生数据上的冲突。为了与原文件进行区别，可以选中"重命名为"复选框，然后在下拉列表中选择一种文件命名方式。本例选择了"文件名 - 序列编号"这种命名方式，后面的编号是自动添加的（默认的起始编号是 1，当然也可以自定义起始编号），如图 4-29 所示。

图 4-29

接下来要设置导出照片文件的格式，大多数情况下，无论在 Lightroom 中处理的文件是 RAW 格式还是 JPEG 格式，建议此处导出照片的文件格式为 JPEG，这种文件格式具有很强的通用性，能够在绝大多数数码设备上浏览和查看，并且可以确保有较为明快的色彩表现力。至于色彩空间，应该设置为默认的 sRGB，这种色彩空间在当前还是具有最强的兼容性和可视效果的，如图 4-30 所示。

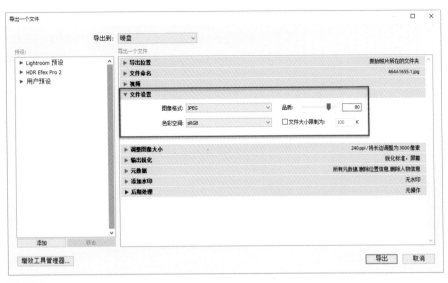

图 4-30

接下来比较重要的还有"调整图像大小"。在输出照片时，应该根据自己的需求来进行设置。例如，想要将输出的照片上传到 QQ 空间，因为是网络上传，所以通常要对照片尺寸进行压缩，选中"调整大小以适合"复选框，然后选择"长边"选项，将长边的"像素"设置为 1000，这样系统会根据原照片的长宽比自动设置短边。如果照片是 3:2 的长宽比，那么短边会自动压缩为 667 像素，这样就可以获得 1000×667 像素的新照片了。此处如果不选中"调整大小以适合"复选框，那么会保持原照片的尺寸输出。

通常情况下，"输出锐化"是不需要设置的，但有时为了获得更好的锐度，可以选中这一复选框，让照片在输出时再次进行锐化，如图 4-31 所示。

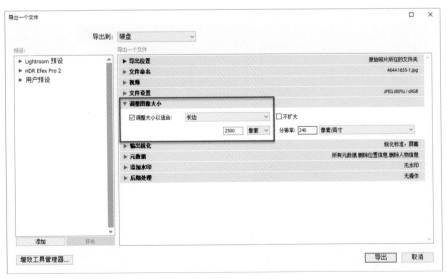

图 4-31

许多用户并不想让其他人查看自己所拍摄照片的光圈值、快门值、焦距等参数，那么在"元数据"面板中只要不在"包含"下拉列表中选择"所有元数据"选项就可以了。但通常情况下，并不建议这样做，毕竟元数据信息并不算是极重要的隐私信息，所以此处建议设置包含"所有元数据"信息，如图 4-32 所示。在输出的照片中设置包含元数据信息，还方便用户在以后对这些输出的信息进行检索和标记等。

最后单击"确定"按钮，完成照片的导出即可。

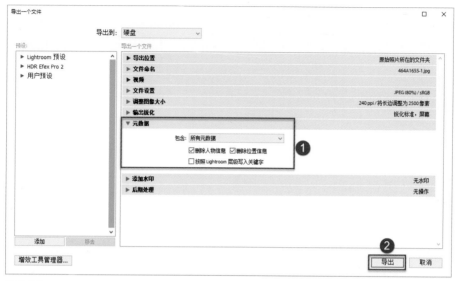

图 4-32

导出照片后，在文件夹中找到导出的照片，选中照片，在右侧的详细信息列表中可以看到照片的一些设置状态，如照片尺寸、拍摄参数等，如图 4-33 所示。

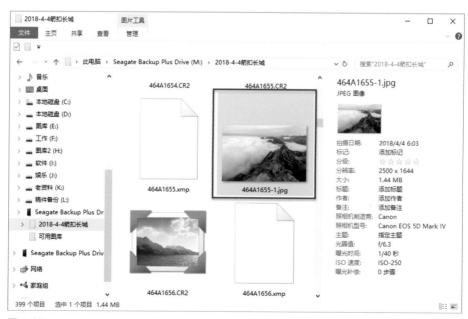

图 4-33

第5章
摄影后期处理的核心调整

　　对照片进行全局的影调和色彩调整之后，只是使通过相机拍摄的照片基本上还原了人眼看到的美景，事实上这并不是真正的创作，因为在实际的摄影创作中，摄影师会对整个场景进行提炼，比如，突出主体，弱化场景及其他干扰元素带来的影响。而照片的精修就是实现在全局调整之后，让照片得以升华的一个重要步骤。具体来说，对照片进行精修可能会对主体部分进行影调及色彩的单独强化，对陪衬的景物进行弱化，甚至还要消除干扰元素，这样才算真正完成照片的整个后期处理。

5.1 摄影后期处理的核心——局部调整

下面介绍照片精修最重要的内容，即对照片局部的调整和优化。

之前介绍的对照片进行的处理，是从照片全局的影调和色彩方面来把握的，这样从整体上看画面比较漂亮，但这也仅限于帮助相机还原场景整体的效果。从摄影的角度来看，这是没有太多创意性内容存在的，因为人眼面对这个场景时，能够看到美景，并且人的大脑也能够提炼出场景中最为精彩的部分，作为主体或视觉中心，对人的影响是最深的，但相机却无法分辨，只会忠实地记录场景，这样就会形成主体不够突出、主次不分明的画面。从整体上看，经过全局调整的照片虽然比较漂亮，但不耐看，没有创意，因此需要进行后续的处理，后续对照片局部进行调整和优化，制作出符合自己创作意图的摄影作品。

案例一：径向滤镜

下面介绍 Lightroom 中局部调整工具的使用方法和技巧。首先介绍"径向滤镜"的使用方法。打开如图 5-1 所示的原始照片，可以看到照片的明暗是有一定问题的，缺乏一些高光像素，暗部也无法显示出更多的信息。经过调整可以看出，作为主体的花朵有足够的亮度，而背景都隐藏于较暗的影调层次中，不会对主体形成干扰，画面整体的效果比较理想，如图 5-2 所示。

图 5-1

图 5-2

Step 01 在 Lightroom 中打开要处理的照片，并切换到"修改照片"界面，然后将上、下和左侧的面板都折叠起来，如图 5-3 所示。

图 5-3

Step 02 在界面右侧切换到"基本"面板，然后对照片的"曝光度""黑色色阶"和"白色色阶"进行调整，提高"曝光度"值，让照片整体的明暗变得更加合理，提高"白色色阶"值，让照片中最亮的像素基本达到最亮，即 255 的亮度，提高"黑色色阶"值，避免暗部出现溢出，如图 5-4 所示。

图 5-4

Step 03 向左拖动"高光"滑块，可以恢复亮部的影调层次和信息，向右拖动"阴影"滑块，可以让暗部显示出更多的细节信息，如图 5-5 所示。

图 5-5

Step 04 在下方的"偏好"选项组中提高"清晰度"值，强化景物边缘的轮廓，提高画面整体的清晰度。提高"清晰度"值之后，会对照片的一些影调层次产生较大的影响，因此在上方的"色调"选项组中对各种参数进行一定的微调，让画面的整体影调层次变得比较合理，如图5-6所示。

Step 05 前面的操作已经将照片整体的影调层次和细节都调整到了比较理想的程度，但是杂乱的背景干扰了主体的表现力，这时就需要借助局部调整工具进行局部的优化。本例根据主体的形状是圆形这一特点，选用"径向滤镜"来进行调整。在界面右侧上方的工具栏中单击"径向滤镜"，这时可以切换到参数调整界面，然后在照片显示区按住鼠标左键拖动，可以拖动出径向滤镜的选区——一个明显的椭圆形。将鼠标指针放到选区边线上，指针会变为双向箭头，此时按住鼠标拖动可以改变选区的大小，如图5-7所示。建立好选区之后，可以看到选区之内的部分仍然保持原有的明暗和色彩，而选区之外的部分，色彩及影调都发生了很大变化，这是因为本例设置调整的是选区之外的区域。

Step 06 将鼠标指针移动到选区中间的标记点上，按住鼠标左键拖动可以改变选区的位置，将选区调整到比较合理的程度，让选区刚好将花朵圈选出来，如图5-8所示。

图 5-6

图 5-7

图 5-8

Step 07 在参数面板的右上方单击三角标记，可以切换到选区调整界面，在其中，如果选中"反相"复选框，那么可以将调整的对象限定在选区之内。本例因为要调整的是选区之外的部分，要让选区之外的背景部分变暗，所以取消选中"反相"复选框，如图5-9所示。

图 5-9

Step 08 单击面板右上方的三角标记，回到参数设置面板，降低"曝光度""对比度""高光""阴影""饱和度"这几项参数的值，完成之后可以看到，要调整的选区之外的区域变暗了，如图5-10所示。

Step 09 花朵之外的区域变暗之后，有一个明显的问题，即从选区内部到外部有一个明暗的过渡，以避免出现明暗影调过渡不够平滑的问题，但这种过渡也会让花朵的花瓣部分变暗。要解决这个问题，需要在参数面板右上方单击"画笔"选项，然后在底部"画笔"选项组中选中"擦除"选项，然后设置画笔直径的"大小""羽化"与"流畅度"这几个参数值。设置时，在照片画面的右下角会出现带有减号标记的画笔，如图5-11所示。

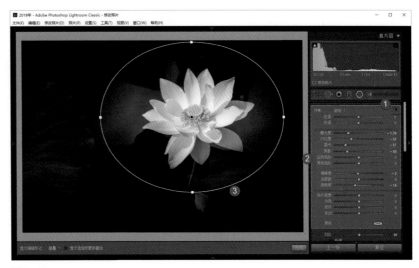

图 5-10

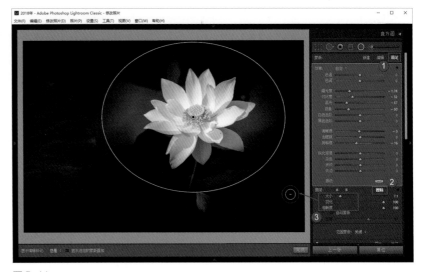

图 5-11

Step 10 将鼠标指针移动到被降低亮度的花瓣上，按住鼠标左键进行涂抹，这样可以将花瓣还原出原有的亮度，避免让花瓣也变暗，如图5-12所示。

图 5-12

Step 11 对于离花瓣较近的荷叶亮度过高的问题，可以在"擦除"这组参数中选中A选项，这样就可以将画笔变为带加号的形状，这表示可以将漏掉的部分添加进来，如图5-13所示。

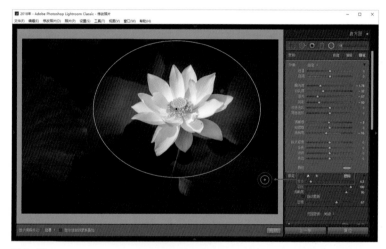

图 5-13

Step 12 将鼠标指针移动到荷花周边较亮的荷叶上，按住鼠标进行涂抹，这样可以将压暗程度不够的荷叶部分亮度也降下来，如图5-14所示。

图 5-14

Step 13 在涂抹荷花及荷叶时，可能需要多次调整画笔直径，进行相对精细的涂抹。涂抹完毕之后，单击"完成"按钮完成操作，如图 5-15 所示。

图 5-15

Step 14 使用"径向滤镜"进行调整之后，可以发现一个明显的问题，即照片的四周压暗程度并不是太高，依然对主体部分有一定的干扰。这时可以在参数面板的右上方单击切换到"新建"界面，新建一个"径向滤镜"，然后将鼠标指针移动到照片上，拖动出一个范围更大的选区，如图 5-16 所示。

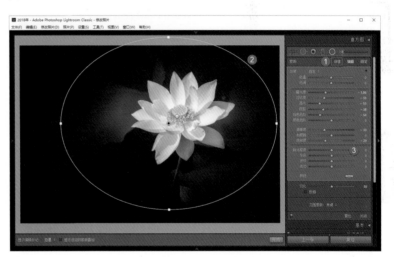

图 5-16

Step 15 相当于通过第二个"径向滤镜"将四周再次进行了压暗，并且第二个"径向滤镜"的范围要大于第一个"径向滤镜"的范围，这样就形成了从中间到四周非常平滑并且明显的影调过渡。对于花朵周围依然明亮的荷叶部分，可以使用参数面板右上方的"画笔"工具进行涂抹，将太亮的荷叶部分再一次压暗，如图 5-17 所示。

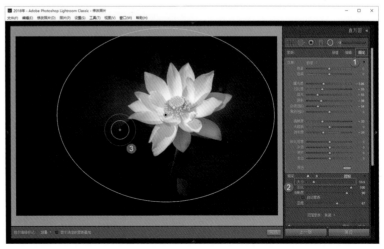

图 5-17

Step 16 至此，画面已经初步调整完成，效果如图 5-18 所示。

图 5-18

Step 17 调整完毕之后，如果想对调整效果进行修改，可以再次单击"径向滤镜"，然后将鼠标指针移动到照片中，单击激活某一个之前建立的"径向滤镜"，就可以对该滤镜的大小、位置等参数进行调整，还可以使用添加或减去画笔对受影响的区域进行调整，使画面的效果更加理想，如图 5-19 所示。照片中显示的绿色区域为"径向滤镜"影响到的区域。

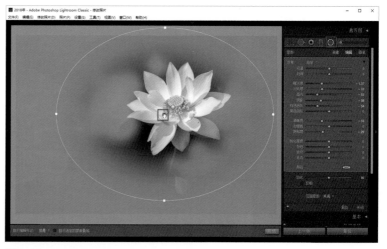

图 5-19

Step 18 这样对照片的局部调整就初步完成了。回到"基本"面板中，对照片的影调层次及细节再次进行全面调整，使画面的效果更加理想，如图 5-20所示。

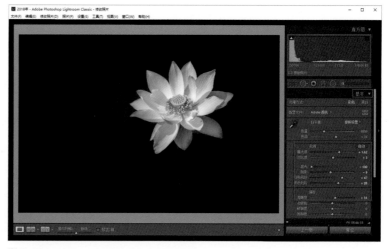

图 5-20

Step 19 对影调及细节调整完毕之后，就可以进行色彩的处理了。首先提高"鲜艳度"和"饱和度"这两个参数的值，强化画面的色彩感。"鲜艳度"是指自然饱和度，提高"鲜艳度"值，会提高照片中色彩感偏弱的一些色彩，让这些色彩的浓郁度也变高，而"饱和度"参数会控制全图每一种色彩的浓郁程度，不会进行智能的区分。通常来说，提高这两个值时，往往"鲜艳度"值要提得高一些，"饱和度"值要提得低一些。提高"鲜艳度"与"饱和度"值之后，画面的色彩感变强，就可以根据当前的色彩进行色温与色调的校正了。对于荷花这种题材来说，往往要适当地降低"色温"值，让画面有一种偏冷的色调，这样可以营造一种非常幽暗的画面氛围，如图5-21所示。

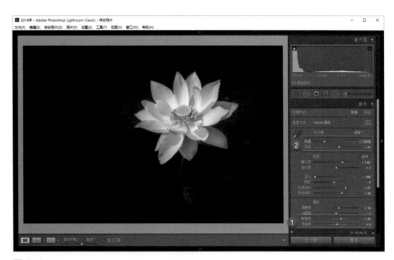

图 5-21

Step 20 最后，经过观察，发现应该适当地降低背景的清晰度，这样画面的主体效果表现力会更强。再次单击"径向滤镜"，在照片中激活第二次建立的"径向滤镜"，降低"清晰度"值，这样可以让背景变得更加模糊，最后单击"完成"按钮，完成"径向滤镜"的微调，如图5-22所示。

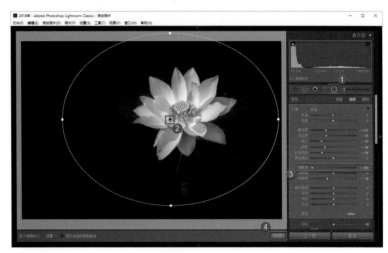

图 5-22

Step 21 调整完毕之后，显示出下方的胶片窗格，找到调整之后的照片，单击鼠标右键，在弹出的快捷菜单中选择"导出"|"导出"命令，这样可以将照片导出为一张处理过后的JPEG格式的照片，如图5-23所示。

图 5-23

案例二：渐变滤镜

下面介绍第二种局部调整工具——"渐变滤镜"的使用方法。

如图 5-24 所示为原始照片，照片中主体部分的亮度不够，画面整体的色彩感偏弱，影调层次也不够理想。经过调整，可以看出画面中间的主体部分亮度比较合适，而天空和水景起到了很好的衬托作用，如图 5-25 所示。

图 5-24

图 5-25

Step 01 在 Lightroom 中，切换到"修改照片"界面，如图 5-26 所示。

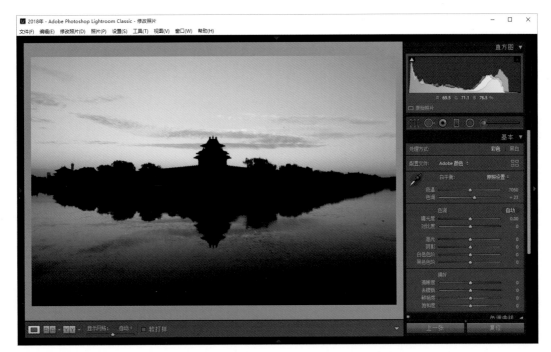

图 5-26

Step 02 对照片的整体影调层次进行初步修饰，主要是提亮暗部，适当地增加曝光值，此时照片左右两侧构图是不严谨的，有一些干扰，因此使用"裁剪工具"裁掉左右两侧的干扰，最终确定的构图范围如图 5-27 所示。

Step 03 确定之后，在保留区内双击，或者在照片显示区右下角单击"完成"按钮完成裁剪。完成照片的影调层次调整及裁剪之后的画面效果如图 5-28 所示。

图 5-27

图 5-28

Step 04 观察此时的照片，发现一些问题：天空的亮度太高，会对主体形成干扰；并且天空自身的表现力太弱，漂亮的云霞没有显示出来；天空的色彩也不够理想。根据要调整的天空区域的形状——不能使用圆形的径向滤镜来进行调整，选择"渐变滤镜"。在工具栏中单击"渐变滤镜"，将鼠标指针移动到照片中，从天空与地景的分界线位置向下拖动，拖出渐变的分界线，一共有 3 条，中间的线条是严格的渐变分界线，上方为渐变调整区域，下方为非调整区域，而中间的线条到上下两侧的线条属于过渡区域，它确保调整部分与非调整部分有一个理想的、平滑的明暗过渡，如图 5-29 所示。

图 5-29

Step 05 此时调整区域内的参数设置依然是上一个案例中使用的"径向滤镜"的调整参数，它可能并不适合当前的案例，需要在参数面板中改变调整的参数，让天空的表现力变得更理想一些。比如，适当地提高"对比度""阴影"的值，避免天空部分亮度过低，如图 5-30 所示。

图 5-30

Step 06 用鼠标移动上下边线，可以改变过渡区域的宽度，让过渡的效果更加自然一些，如图 5-31 所示。

图 5-31

Step 07 移动中间的标记点，则可以改变渐变的位置，这样通过调整渐变的位置及渐变线的宽度，就将天空部分非常好地还原了出来。接下来继续对水面部分进行调整。因为当前的水面部分亮度过高，不符合自然规律，所以用同样的方法从水面与地景相接的部位向上拖出一个渐变范围，然后调整渐变的参数，让水景部分的亮度变低，色彩也变得更加理想，如图 5-32 所示。

图 5-32

Step 08 因为拖动渐变时过渡区域会使背景的主体部分也变得比较暗，这时就需要在参数面板右上方单击"画笔"选项，单击三角标记，切换到画笔设置面板，在其中单击"擦除"选项，适当地调整画笔直径，然后在建筑物上擦拭，将建筑物部分从渐变调整区域内擦掉，还原建筑物部分的亮度，如图 5-33 所示。

图 5-33

Step 09 上方的渐变和下方的渐变同样要进行调整，但这里要注意，在调整上方的渐变时，要激活上方的渐变，在对下方的渐变进行擦除时，要选中下方的渐变，然后才能使用"画笔工具"进行擦拭，还原出整个建筑物的亮度，如图 5-34 所示，擦拭完成之后，单击"完成"按钮完成操作。

图 5-34

Step 10 利用渐变滤镜将天空及水面调整到位之后，回到"基本"面板，在其中对照片的影调层次及细节进行再次优化，优化后画面的影调层次及色彩如图 5-35 所示。

图 5-35

Step 11 调整之后的画面相对来说已经变得比较理想了，如图 5-36 所示。

图 5-36

Step 12 切换到"基本"面板，在其中对照片的"鲜艳度""饱和度"进行提升，强化画面的色彩感，然后微调"色温"与"色调"值，让画面的色彩变得更加漂亮，如图 5-37 所示，这样就完成了照片的调整。

图 5-37

案例三：调整画笔

在 Lightroom 的局部调整工具中，径向滤镜针对的是圆形区域，线性渐变滤镜针对的是长条状的、比较规则的区域，但对于一些非常不规则的区域，使用这两种工具的效果都不会很好，这时就需要使用"调整画笔工具"。"调整画笔工具"与一般的画笔工具相似，是在设置参数之后，在想要的位置上随意地进行涂抹，根据景物的分布来进行涂抹，能够得到非常好的效果。下面通过一个案例来介绍"调整画笔工具"的使用方法。

如图 5-38 所示为原始照片，原始照片中的背景深浅不一，比较杂乱，并且有一些色彩干扰，调整之后可以使背景的明暗更加接近，这样背景就会变得更加干净，并且对背景当中有色彩的干扰部分进行了色彩的调整，这样整体上背景变得更干净，主体的花朵也就会显得更加醒目和突出，如图 5-39 所示。

图 5-38

图 5-39

Step 01 在 Lightroom 的"修改照片"界面中，切换到要调整的照片，如图 5-40 所示。

图 5-40

Step 02 对照片的影调层次及细节轮廓进行强化，此时的照片效果如图 5-41 所示。

图 5-41

Step 03 在工具栏中选择"调整画笔工具"，单击三角标记，然后在下方根据照片显示区中的画笔状态来调整画笔直径大小，如图 5-42 所示。此时的画笔是带加号的，表示可以进行添加的调整。

图 5-42

Step 04 针对要调整的区域，我们的计划是初步提亮阴影过重的位置，让它更接近于背景的平均亮度，因此可以适当地降低"对比度""高光"参数的值，提亮"阴影"，然后在背景中比较暗的位置进行涂抹，如图5-43所示。

图 5-43

Step 05 涂抹之后，画面的背景效果有一定改善，但并不算特别明显，背景依然很沉重，如图 5-44 所示。

图 5-44

Step 06 这时单击"调整画笔工具"，然后在参数面板中降低"去朦胧"参数的值，这样就可以看到阴影部分变浅，与背景中其他部分的亮度更加接近，背景也就变得干净了很多，如图 5-45 所示。

图 5-45

Step 07 在参数面板的右上方，单击"新建"选项，新建一支调整画笔，然后对背景中色彩过度浓郁的部分进行修改，照片左上角洋红的色彩饱和度过高，这时可以适当地提高"色温"值，降低"色调"值，这样可以消除过重的洋红，然后降低"曝光度""对比度""高光""白色色阶"等参数的值，然后在左上角进行涂抹。涂抹之后，可以看到左上角的浓重色块已经被消除了，这个位置与背景中其他位置的明暗及色彩都更加接近，背景也就干净了很多，如图5-46所示。

图 5-46

Step 08 此时观察整个画面，可以看到主体与背景的反差过低，主体的突出程度依然不够，这时可以根据花朵的形状来选择径向滤镜进行一定的调整。选择径向滤镜，然后针对花朵创建一个径向滤镜的调整区域。这时可以直接在右上方设置要调整的参数，也可以展开"效果"下拉列表，在其中选择让调整区域变暗还是变亮，这里很明显要压暗背景，因此选择"变暗"选项，如图5-47所示，可以看到背景变暗。

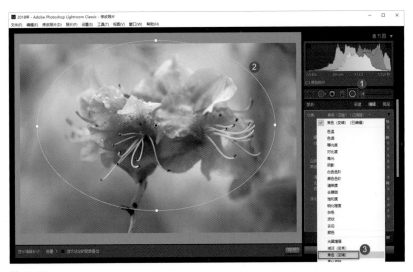

图 5-47

Step 09 如果对变暗的效果感觉并不满意，接下来还可以再对变暗的效果进行微调，调整的参数及照片效果如图5-48所示。

图 5-48

Step 10 接下来可以将鼠标指针移动到径向滤镜标记点上，对径向滤镜的位置进行微调，再将鼠标指针移动到边线上，改变径向滤镜的大小，让调整的效果更加理想，最后单击"完成"按钮完成操作，如图 5-49 所示。

图 5-49

Step 11 回到"基本"面板，在其中对照片的影调层次及色彩进行整体上的微调，让画面整体的效果变得更加协调，更加理想，如图 5-50 所示。至此，就完成照片调整了。

图 5-50

案例四：范围蒙版之明亮度

Lightroom 或者 ACR 这种 RAW 格式文件的精修工具，与 Photoshop 的区别在于没有选区功能，但事实上，从 Lightroom CC 开始，增加了一种类似于选区的功能，名为范围蒙版。下面通过具体的案例来介绍范围蒙版的使用方法。

范围蒙版主要针对局部调整工具来使用，如图 5-51 所示为原始照片，在 Lightroom 中进行调整之后，可以看到照片的影调及色彩都变得非常漂亮，如图 5-52 所示，要将天空优化得比较理想，就需要借助于范围蒙版。

图 5-51

图 5-52

Step 01 首先，在Lightroom中定位到要处理的原始照片，切换到"修改照片"界面，如图5-53所示。

图 5-53

Step 02 切换到"基本"面板，在其中对照片的影调层次进行全方位的调整，初步调整过后的参数设置及画面效果如图5-54所示。

图 5-54

Step 03 接下来，对照片的色彩细节、白平衡等进行一定的调整，最终再结合影调参数对画面整体进行宏观的把握和调整。此时的参数设置及画面效果如图5-55所示，可以看到照片中影调层次及色彩都有了比较大的改善，但问题也非常明显，即天空部分是过爆的，即使将高光降到了最低也无法将天空调整到比较合理的程度。

图 5-55

Step 04 首先在工具栏中选择"渐变滤镜"，通过"渐变滤镜"来压暗天空，并对天空进行调色，在天际线位置拖动，拖出渐变线，如图5-56所示。

图 5-56

Step 05 对参数的设置主要是降低"曝光度""对比度""高光"参数的值，这样可以降低天空的亮度，而适当地降低"色调"参数的值，可以让天空色彩变蓝，如图5-57所示。

图 5-57

Step 06 拖动改变渐变线的位置及渐变的宽度，让天空与地面的过渡更加平滑一些，如图5-58所示。此时也会发现明显的问题，那就是渐变调整的区域将画面中非常大的亮点黄叶部分的色彩也变得偏蓝、偏暗，左侧的树木亮度也变低，这显然不是我们想要的。在此可以考虑这样一个问题，如果此时使用减去画笔能否将树叶部分调整得很好呢？显然也不可以，因为画笔的直径过大，无法将细碎的树叶以及树枝部分很好地还原出来，这时就需要使用针对局部范围调整的蒙版工具了。

图 5-58

Step 07 在参数面板的右上方单击三角标记，切换到蒙版"效果"界面，如图5-59所示。

Step 08 在"范围蒙版"弹出式列表中选择"明亮度"选项，如图5-60所示。

图 5-59

图 5-60

Step 09 在"明亮度"下方有"范围"和"平滑度"两个选项。对于"范围"的调整，是指要将左右两个滑块中间的亮度区域定义为我们要用渐变调整的区域，而两个滑块外侧的部分则定义为不进行调整的区域。天空部分的亮度非常高，这样向右拖动左侧的暗部滑块，大幅度地向右拖动之后，就定义好了要调整的亮度区域，即只有亮度在这个范围之内的部分才会受到渐变滤镜的影响。也就是说，只有高亮的天空部分才能位于这个亮度范围之内，才会受到渐变滤镜调整的影响，而作为黄叶以及左侧的树干部分，亮度不够，会被排除到调整的范围之外。那么通过这种调整，就可以看到渐变对于树叶和树干的影响已经被消除了，如图5-61所示。

图 5-61

Step 10 至于下方的"平滑度"参数，如果向左拖动滑块，会提高调整区域与未调整区域分界线的精度。但是如果向左拖动，有时候在调整与未调整区域的分界线位置出现一些明暗的接痕，变得不自然，所以调整不宜过大。如果要让调整与未调整部分的过渡变得比较平滑，那么需要向右拖动"平滑度"滑块。本例当中，根据实际情况要向左拖动，并获得了比较好的效果，如图5-62所示。

图 5-62

Step 11 回到"基本"面板中，在其中对画面的整体影调参数以及色彩参数进行一定的微调，让画面的影调层次与色彩变得更加理想，如图5-63所示。

图 5-63

Step 12 在照片当中，针对前景的树干，可以稍稍地提高亮度及清晰度，来强化树干的纹理，让画面的视觉冲击力更强，因此可以在工具栏中选择"调整画笔工具"，降低"高光"值，提高"清晰度"值，缩小画笔的直径，在树干比较细的位置进行涂抹，如图5-64所示。

图 5-64

Step 13 对于树干比较粗的部分，则需要调大画笔直径进行涂抹，效果会更加理想，如图5-65所示。

图 5-65

Step 14 经过调整，强化了树干的亮度和质感，画面的冲击力明显变强。最后选择"裁剪工具"，对画面的构图进行一定的裁剪，裁掉左侧以及上方杂乱的树枝，让画面整体更加干净，保留的范围如图 5-66 所示。

图 5-66

Step 15 完成裁剪之后，再次回到"基本"面板中，再次对画面的影调层次，以及细节和色彩进行一定的微调，这样就得到了最终的画面效果，如图 5-67 所示，最后再将照片保存就可以了。

图 5-67

> **≫ 提示**
>
> 在"范围蒙版"弹出式列表中，除"明亮度"选项之外，还有一个"颜色"选项，这个选项的功能与"明亮度"不同，"明亮度"是通过亮度范围的查找来限定要调整的区域的，而"颜色"则是通过颜色的限定来确定要调整的区域的。

在本套教程的第二册 Adobe Camera RAW 教程中，对于影调等的调整已经有过相关介绍，这里就不再赘述了。

5.2 摄影后期处理调色精髓

对于照片色彩的调整，直接提高饱和度或降低饱和度可以改变画面的色彩感。利用白平衡可以对画面进行调色，让画面偏向某一种颜色，或者让画面的色彩变得更加准确。但有时我们会遇到这种情况：画面整体的色彩都比较理想，色彩也比较准确，但问题在于某些干扰景物的色彩饱和度太高，它影响到了主体的表现。通过白平衡或者饱和度的调整，是无法解决这种问题的，无法只调整局部的一些颜色，而不改变主体的颜色，这就涉及调色真正的核心知识，即不同色彩的单独调整。下面通过一个案例，来看摄影后期处理调色的精髓，即不同色彩的分别调整。

如图 5-68 所示为原始照片，可以看到画面的色彩感比较强烈，色彩也比较准确，但问题在于周边一些杂乱景物的色彩干扰到了主体人物的表现。经过调整可以看到，人物面部变亮，皮肤变得白皙，而周边的色彩饱和度变低，明亮度也相差不大，这样人物就变得突出起来，可能乍看时画面的色彩感变弱了，但事实上这种效果更加耐看，因为主体更加突出、醒目，如图 5-69 所示。

图 5-68

图 5-69

图 5-70

图 5-71

Step 01 在 Lightroom 中找到要调整的原始照片，如图 5-70 所示。

Step 02 切换到"基本"面板，在其中对照片的影调层次进行微调，主要是提亮照片的暗部，让暗部显示出更多的细节和层次，适当地降低"高光"值，避免人物衣领部分出现高光溢出的问题，调整之后的参数及画面效果如图 5-71 所示。

Step 03 接下来对画面的色彩进行调整。在右侧的面板中，切换到"HSL/颜色"面板，如图 5-72 所示。

图 5-72

Step 04 在其中可以看到，不同的色彩可以对它们进行饱和度的调整、亮度的调整及色彩的调整。如果把握不好照片中的某些颜色到底是哪一种，那么可以在参数面板的左上角单击选择"目标调整工具"，然后将鼠标指针移动到照片画面中，按住鼠标向下或向左拖动，则是降低饱和度和明亮度；向右或者向上拖动，则可以提高饱和度或提高明亮度。那么具体调整的是饱和度还是明亮度呢？要注意在右侧进行定位，即要调整饱和度时，那就要切换到"饱和度"选项卡，如果要调整明亮度，就要切换到"明亮度"选项卡。当前进行的是"饱和度"调整，那么在人物右侧的草地上按住鼠标向下拖动，可以降低草地的饱和度，避免草地这一部分背景色彩过浓，对人物产生干扰，如图 5-73 所示。

图 5-73

Step 05 调整之后的画面效果如图 5-74 所示，可以看到背景的草地部分对人物的干扰已经被降低了很多，此时观察画面可以看到左侧的花朵起到了很强的干扰作用，那么将鼠标指针移动到花朵上按住鼠标向下拖动，可以降低花朵对于人像的干扰。

Step 06 饱和度调整完成后，接下来在右侧的参数面板中切换到"明亮度"调整。对于明亮度的调整，除可以使用"目标调整工具"之外，还要有一定的常规认识。比如，如果要提亮人物的肤色，那么一般来说是要提高红色、黄色或橙色的亮度。因为在列表中并没有橙色的亮度，所以就要提高红色或黄色的亮度。本例中提高了黄色的亮度，没有提高红色的亮度，因为人物的衣服是红色的，如果大幅度提高红色的亮度，那么人物的衣服亮度会过高，调整完成后可以看到人物的肤色变亮，且更加白皙，如图 5-75 所示。

Step 07 这样对于这张照片分色系的调整基本上就完成了，其他的案例也按照这样的方法来操作。接下来，对于照片中一些暗部阴影比较沉重的问题要进行一定的修饰，避免这部分显得比较沉重。在工具栏中选择"调整画笔工具"，然后降低"高光"的值，提高"阴影"的值，降低"对比度""清晰度"的值，缩小画笔直径，然后在照片中比较暗的位置涂抹，可以将这些部分稍稍提亮一些，让该部分发灰，变得比较轻盈，如图 5-76 所示。调整完毕之后，单击"完成"按钮。

图 5-74

图 5-75

图 5-76

Step 08 最后回到"基本"面板，对画面整体的影调层次、细节轮廓及色彩进行全方位的调整，将画面调整到一个比较理想的状态，如图 5-77 所示。

图 5-77

第6章
标准修片流程

　　摄影后期处理包括二次构图、影调与色调的调修、画质的优化等多种后期处理技巧，但是这些处理技巧是否有先后次序呢？虽然并没有一个标准的后续流程，但其实照片后期处理的步骤是有一定讲究的。一般情况下，要先调影调再调色调，这样可以避免照片明暗对于色彩产生较大影响。本章将通过一个比较综合的案例，来介绍数码照片后期处理的大致流程，掌握这个流程之后，在今后的摄影后期处理中就可以做到心中有数。

6.1 镜头校正

在 Lightroom 中切换到要处理的照片，进入"修改照片"界面，如图 6-1 所示。

图 6-1

放大照片，对于远处的建筑，左侧建筑物边缘有绿色的杂边，而右侧建筑则有紫色的杂边，如图 6-2 所示，这种彩色的杂边在后期处理中称为色差，它通常出现在明暗结合的边缘部位。比如，逆光拍摄人像时，人像的边缘容易出现色差，一半为绿边或者紫边；逆光拍摄花朵时，花朵的边缘也容易出现彩色的杂边。

要去掉这些彩色的杂边，往往需要在"镜头校正"面板中来实现。首先，切换到"镜头校正"面板，如图 6-3 所示，然后选中"删除色差"复选框，这样即使放大照片，也会发现景物边缘的色差已经被消除了。当然，要注意的一点是，只有针对 RAW 格式的原始文件，才能够通过在"镜头校正"面板中直接选中"删除色差"复选框来消除紫边；如果处理的是 JPEG 格式的照片，那么就需要在"镜头校正"面板中进入"手动"选项卡，在其中对绿色及紫色的杂边分别进行消除。

图 6-2

图 6-3

在"删除色差"复选框的下方还有一个"启用配置文件校正"复选框，如图6-4所示，如果选中该复选框，会发现画面四周一般会变亮，画面四周的几何畸变会发生一些变化。这个功能主要是调用照片拍摄的机型及镜头信息，在软件中对画面四周的畸变及暗角进行一定的校正。如果是用广角镜头拍摄的照片，那么照片四周往往会有轻微的晕影，也就是暗角，以及一定的几何畸变。选中该复选框后会发现，照片四周的暗角会得到明显的修复，畸变也会得到一定的校正。如果是长焦镜头拍摄的画面，那么这种畸变就不是很明显，因为广角镜头的拍摄视角非常大，由于镜头壁的遮挡，容易让画面四周曝光偏暗，从而产生暗角，长焦镜头则不存在这个问题。

图6-4

有时候会发现这样的现象，即选中"启用配置文件校正"复选框之后，照片的暗角有些校正过度，即四周反而变得比中间还亮，产生了另外一种画面的明暗不均。这时，只要在底部的"数量"选项组中向左拖动"暗角"滑块，恢复照片原有的暗角程度，就可以得到很好的效果，如图6-5所示。

图6-5

6.2 画面畸变调整

对于这种广角镜头拍摄的照片，使用镜头校正能够在一定程度上消除照片的几何畸变，但很多时候，镜头校正的效果并不明显。比如，本照片中可以看到远方的古建筑依然存在一定的几何变形，建筑物是向一侧扭曲的，这时就可以在"变换"面板中对这种问题进行修复。切换到"变换"面板，然后直接单击"自动"按钮，让软件进行智能判断，对几何畸变进行校正，往往都能得到比较好的效果，如图 6-6 所示。

图 6-6

但有时候因为拍摄的角度有问题，镜头又是超广角，所以自动进行畸变的调整可能效果并不会很好，这时可以使用面板左上方的引导式 Upright 校正这个功能，来对几何畸变进行校准，如图 6-7 所示。当然，也可以直接单击下方的"引导式"按钮来激活这一功能。关于引导式功能对画面畸变进行校正的具体方法和技巧，将在本章的最后一个案例中进行详细介绍，这里就不再赘述。

图 6-7

6.3 影调调整

对画面的镜头校正以及画面畸变进行过调整之后，就将画面调整得比较规整了。当然，在这之前，可能已经对画面进行了二次构图的处理。也就是说，在处理照片的明暗色彩等效果之前，要对照片的构图、水平、暗角等进行调整，接下来才是影调调整。

切换到"基本"面板，然后在"色调"选项组中对影调参数进行调整，包括"曝光度""对比度""高光""阴影""白色色阶"和"黑色色阶"等，调整之后，就可以使让照片的整体影调变得相对比较理想了，如图6-8所示。

图6-8

接下来，在"偏好"选项组中调整"清晰度"的值，该参数值可以让我们强化景物边缘的轮廓，让画面变得轮廓更加清晰、细节更加丰富，如图6-9所示。但需要注意的是，提高清晰度之后，会强化景物边缘的一些对比，它是通过提高对比度的方式来强化边缘轮廓的，但是提高对比度就会对画面局部的一些影调产生影响，那么提高清晰度或者降低清晰度之后，还需要对照片的影调参数进行一定的微调，比如往往要提高"高光"值，或者改变"阴影"和"黑色"等参数的值。

图6-9

6.4 局部调整

对照片的影调及细节进行优化之后，接下来仍然不要进行色彩的调整，而是对照片的局部进行一些修饰。比如，本照片存在明显的问题，即照片中大片的古建筑房顶明暗非常不均匀，色彩显得非常杂乱、斑驳，这就使画面显得不够干净。因此可以在工具栏中选择"调整画笔工具"，根据自己的理解，设置合适的画笔参数，比如对于过亮的地方，要降低"曝光度""高光""白色"等参数的值，适当地降低"饱和度"参数的值，然后缩小画笔直径，在亮度过高的房顶位置进行涂抹，让它变暗。对于过暗的房顶，则要通过提亮，让它变亮一些。这样，最终让房顶部分的亮度变得比较均匀，如图 6-10 所示。

图 6-10

设置好参数之后，画面整体的亮度变得均匀了一些，但是色彩有些不协调，在确保"调整画笔工具"处于激活状态的前提下，往往还要改变"色温"与"色调"参数的值，来改变调整区域的色彩，让房顶部分的色彩也变得协调一致，如图 6-11 所示。

图 6-11

对于包含进来的过多的部分，则要在画笔调整选项组中单击"擦除"选项，然后缩小画笔的直径，在包含进来的过多的边缘位置进行擦拭，将这些部分排除在调整范围之外，如图 6-12 所示。调整完毕之后，单击"完成"按钮即可。

图 6-12

6.5　色彩调整及全局控制

对照片的影调细节及局部均调整完成之后，接下来调整画面的整体色彩，让画面色调变得更加理想。在具体调整时，首先提高照片的"鲜艳度"与"饱和度"，让画面的色彩感更强，便于我们对色彩的观察。接下来再调整整个画面的"色温"与"色调"，让画面的色彩更加准确，或者更加符合我们的创作预期，如图 6-13 所示。

当然，要注意，在改变色彩之后，可能会对照片的影调产生轻微的影响，因此调色之后，可能还要根据实际情况对影调参数进行轻微的调整。至此，就完成了对照片构图、暗角、影调、色彩等全方位的调整，画面的调整基本上就完成了。

图 6-13

6.6　锐化及降噪

在输出照片之前还要对照片进行锐化及降噪处理。打开"细节"面板,在其中可以看到"锐化"及"噪点消除"这两组参数,如图 6-14 所示。

图 6-14

在"锐化"选项组中,如果提高"数量""半径"及"细节"这 3 个参数的值,都能够强化画面的锐利程度。"数量"用于控制画面的锐化强度;"半径"用于控制像素间距,"半径"值越大,那么锐化的像素范围越大,锐化效果也会越明显;至于"细节",则用于控制要强化或者锐化的细节数量,"细节"值越高,锐化程度也会越强,因此没有必要只是大幅度提高"数量"参数的值,可以在提高"数量"值时适当提高"细节"值,使锐化的效果更加自然,并且效果比较强烈,如图 6-15 所示。

图 6-15

在"细节"面板的"锐化"选项组中，最后一个参数为"蒙版"，如图 6-16 所示。先将"蒙版"值提到最高，此时会发现锐化的效果变弱，那么可以说"蒙版"对锐化起抵消的作用吗？其实并不是，"蒙版"这个参数的作用在于限定锐化的区域，"蒙版"值越大，它限定的锐化区域越小。通常来说，如果提高"蒙版"值，那么它会让照片中大片光滑的区域不进行锐化，而只锐化一些边缘的线条部分。

图 6-16

要查看蒙版的锐化区域，可以按住键盘上的 Alt 键然后拖动"蒙版"滑块。越往右拖动，照片中白色的区域越小，而锐化的区域就限定在这些白色的位置。通过提高"蒙版"值，可以看到天空大片的平面不进行锐化，保持更好的平滑度，而建筑物的边缘线条非常白、非常亮，表示对边缘线条进行锐化，这样就可以既能够保持画面中的平面区域有很好的平滑程度，又能保证画面的边缘轮廓有很好的锐度，让锐化的效果更加理想，如图 6-17 所示。在对人像照片进行锐化时"蒙版"参数是非常有用的，因为它可以让人脸的腮部、额头等大片的光滑皮肤部分保持光滑，而只让边缘的鼻梁、嘴唇等轮廓部分得到锐化，效果是比较理想的。

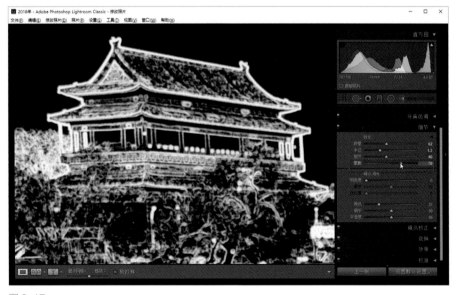

图 6-17

至于"噪点消除"选项组中，主要关注两个参数，分别为"明亮度"和"颜色"。"明亮度"用于消除照片画面中的单色噪点；"颜色"用于消除照片中的彩色噪点，如图 6-18 所示。一般来说，夜景中拍摄的照片噪点可能会重一些，往往要进行噪点消除的调整，但是在晴朗光线下的室外拍摄的照片，一般不需要进行噪点的消除，因为噪点消除会让照片的锐度下降，它与锐化效果是相反的。一般来说，即便是进行大幅度的降噪，"明亮度"的值最好也不要超过 20。

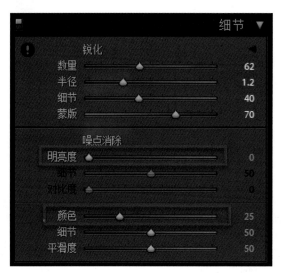

图 6-18

Ps Photoshop **Lr** Lightroom **A** Camera Raw

数码摄影后期

3合1

（下册）

Camera Raw 轻松学

卡塔摄影学院·编著

电子工业出版社

Publishing House of Electronics Industry

内容简介

本书从RAW格式的照片文件，以及可以对其进行精修的Adobe Camera Raw（简称ACR）的基础知识开始讲起；进而介绍了RAW格式的相关知识、ACR的启动方式与配置等入门知识，重点是对ACR功能、原理的全方位讲解，包括ACR调整面板的使用方法、ACR工具的使用方法、胶片窗格的使用方法等，来完成照片复杂的精修过程。

本书所有内容均注重原理的分析，并辅以精彩案例作为练习，相信在学习完本书之后，读者能够掌握利用ACR修片的相关知识。

本书适合后期处理初学者阅读和学习；有一定基础的用户，也可以将此书作为参考，来丰富自己的知识体系；还可以作为照片后期培训班的授课教材。

未经许可，不得以任何方式复制或抄袭本书之部分或全部内容。

版权所有，侵权必究。

图书在版编目（CIP）数据

Photoshop/Lightroom/Camera Raw数码摄影后期3合1. 下册, Camera Raw轻松学 / 卡塔摄影学院编著. —北京：电子工业出版社, 2019.5

ISBN 978-7-121-36369-6

Ⅰ. ①P⋯　Ⅱ. ①卡⋯　Ⅲ. ①图象处理软件　Ⅳ. ①TP391.413

中国版本图书馆CIP数据核字（2019）第072965号

责任编辑：赵含嫣　特约编辑：刘红涛

印　　刷：中国电影出版社印刷厂

装　　订：中国电影出版社印刷厂

出版发行：电子工业出版社
　　　　　北京市海淀区万寿路173信箱　　　邮编：100036

开　　本：787×1092　1/16　印张：21.25　字数：695千字

版　　次：2019年5月第1版

印　　次：2019年5月第1次印刷

定　　价：128.00元（全3册）

凡所购买电子工业出版社图书有缺损问题，请向购买书店调换。若书店售缺，请与本社发行部联系，联系及邮购电话：（010）88254888，88258888。

质量投诉请发邮件至 zlts@phei.com.cn，盗版侵权举报请发邮件至dbqq@phei.com.cn。

本书咨询联系方式：（010）88254161～88254167转1897。

本书讲解摄影后期领域越来越重要的处理RAW格式文件的技法，针对相机拍摄的RAW格式的原始文件，借助于ACR进行全方位的解析和综合调修。

ACR原本只是Photoshop的一个小型增效工具，但随着摄影师对于后期技术的依赖程度变高，对于高画质的追求也越来越高，ACR变得日益重要起来。而Adobe公司则针对摄影市场的发展，对ACR的性能进行了大幅度、全方位的拓展。当前，借助于ACR几乎可以实现绝大多数重要的后期处理功能。

本书从RAW格式的照片文件，以及可以对其进行精修的ACR的基础知识开始讲起；进而介绍RAW格式的相关知识、ACR的启动方式与配置等入门知识，重点是对ACR功能、原理的全方位讲解，包括ACR调整面板的使用方法、ACR工具的使用方法、胶片窗格的使用方法等，来完成照片复杂的精修过程。

本书注重原理的分析，并辅以精彩案例作为练习，也只有这样学习，才能让读者真正学通和掌握后期处理技术。过于注重步骤操作和参数设置，是无法理解后期处理的精髓的。相信在学习完本书之后，读者就能够掌握利用ACR修片的全方位原理和知识技巧，并能做到举一反三。

本书将配备多媒体视频教程，以及所有案例的原始素材照片，有助于读者的学习和实践，以带给广大读者全新的学习体验。本书还附赠进阶电子阅读章节"综合修长思路与技巧""ACR与Photoshop协作技术"，有需求的读者请按照"读者服务"中的方法进行下载。

鉴于笔者水平有限，书中难免存在疏漏和不妥之处，敬请广大读者和同行批评指正！

读者在学习本书的过程中如果遇到疑难问题，可以加入本书编者及读者交流、在线答疑群"千知摄影"，群号242489291。

目录 CONTENTS

目录 CONTENTS

第1章
ACR 基础

　　针对相机拍摄的 RAW 格式的原始文件，Photoshop 需要使用内置的 Adobe Camera Raw 增效工具来进行处理，这款工具简称为 ACR。本章将介绍 RAW 格式的基本特点，以及 ACR 工具的具体使用方法和功能界面的配置与优化。

1.1 RAW 格式

　　RAW 格式的文件是用专业相机拍摄的原始文件，之所以不称其为照片，是因为 RAW 格式的文件包括相机在拍摄现场所能够记录的所有原始信息，这些原始信息是非常全面的，包括理想的色彩空间，以及现场所有光线的白平衡信息和影调信息。

　　使用佳能相机拍摄的 RAW 格式的文件扩展名为 CR2，使用尼康相机拍摄的 RAW 格式的文件扩展名为 NEF，使用其他一些品牌的相机及摄影器材拍摄的 RAW 格式的文件有的扩展名为 RAW，还有的扩展名为 DNG，这些文件只是扩展名不同，可以统称为 RAW 格式的文件。RAW 格式的文件有自身的一些明显特点，下面分别介绍。

兼容性差

　　首先，与其说 RAW 格式的文件是一种照片，不如说是一种原始文件，所以计算机在以图片格式读取它时可能会遇到困难，比如当前最新的 Windows 10 操作系统，仍然无法识别一些新型相机所拍摄的 RAW 格式的源文件。如图 1-1 所示，这是使用佳能 5D IV 相机拍摄的 RAW 格式的文件，将其导入计算机之后，只有制式图标，而无法显示照片的缩略图。双击文件之后，计算机自带的看图软件是无法读取的，如图 1-2 所示。从这个角度说，RAW 格式的文件的兼容性是有一定问题的，需要专业的软件才能够解析并进行后期处理，也就是说，RAW 格式文件的兼容性比较差。

　　要处理 RAW 格式的原始文件，在 Photoshop 中需要借助 ACR 增效工具。打开 Photoshop 之后，将 RAW 格式的文件拖入 Photoshop，会自动载入 ACR 中，如图 1-3 所示，这便是 ACR 打开 RAW 格式的照片的界面。

图 1-1

图 1-2

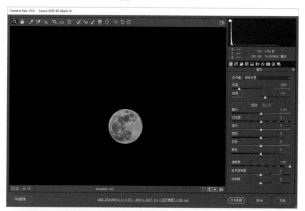

图 1-3

　　如果 Photoshop 及 ACR 版本过低，那么是无法读取使用新型相机所拍摄的 RAW 格式的文件的。如果将 RAW 格式的照片拖入 Photoshop 之后，提示如图 1-4 所示的信息，那么表示无法读取该文件，即 ACR 版本过低，需要进行升级，但在升级 ACR 时要注意，当前最新版本的 ACR 需要 Photoshop CC 及以上版本，如果是 Photoshop CS6 及以前的版本，是无法安装最新版的 ACR 的。

图 1-4

保留所有原始拍摄信息，适合后期处理

　　前面已经介绍过，RAW 格式的原始文件包含所有原始拍摄信息，它将原始信息都记录了下来，具体包括色彩空间、白平衡模式、照片风格等。例如，在拍摄现场，RAW 格式的源文件会记录下理想的色彩空间，即远优于在数码相机之内设置的 sRGB 或者 Adobe RGB 这两种具体化的色彩空间（如图 1-5 和图 1-6 所示为在相机内针对输出的 JPEG 格式的照片设置色彩空间），确保摄影师在拍摄时不会损失或者漏掉任何色彩信息。此外，将拍摄的 RAW 格式的文件在后期软件中解读之后，可以选择多种不同的白平衡模式，并且效果与在拍摄现场直接设置该模式所拍摄的效果是一样的。除此之外，对于照片风格（尼康称为优化校准）的设置也同样如此。

图 1-5

图 1-6

更大的位深度，更适合后期处理

　　除能够包含更多的原始拍摄信息，RAW 格式的原始文件还有更大的位深度，它更适合进行后期处理。

　　下面通过一个例子来说明。如图 1-7 所示是打开的 RAW 格式的原始文件。将照片的曝光度提高一挡，可以看到照片变亮，但是照片的高光部分仍然保持了很好的影调层次及细节，即高光部分并没有完全溢出，如图 1-8 所示。同样打开画面完全相同的 JPEG 格式的原始照片，如图 1-9 所示，提高一挡曝光值，会发现高光处出现了大片的高光溢出，如图 1-10 所示。

图 1-7

图 1-8

图 1-9

图 1-10

出现这种情况一般是由于照片的位深度是 8 位，并不理想，而 RAW 格式的原始文件一般为 12、14 或 16 位，那么它就能够存储更多的色彩以及明暗信息。

这里有一个知识点需要大家理解，即计算机存储和计算一般数据时，是以 8 位通道进行处理的，那么对照片来说，一个色彩通道能够存储的色彩信息就是 2^8 共 256 级明度（或者说是色彩明暗程度），3 个通道共可以存储和计算 256^3（大约有 1 600 万）左右的色彩信息。

但如果以 16 位来进行存储，数据就会非常庞大，它是 $(2^{16})^3$，其状态信息会达到几百亿。如此多的信息自然能够包含更多的细节，影调的过渡会更加平滑，即使进行简单的提亮或者压暗处理，也不会出现色彩的断层以及因为损失细节信息让画面出现局部高光溢出或暗部黑掉的问题。这是对 RAW 格式的文件进行后期处理最大的优势，即它有更大的位深度。

1.2 ACR 详解

下面介绍 ACR 增效工具自身的一些特点，以及它能够干什么、不能干什么。

功能设置更直观、更易学

从功能设置来看，ACR 工具的功能设置更加直观，更容易上手，对于初学者来说，直接学习使用 ACR 进行后期修片会事半功倍，更有助于快速修出理想的照片。举例来说，对于色彩的调整，在 Photoshop 中，通过"色相 / 饱和度"对话框来实现，其在对话框中，所有的色相条都是建立在一条包含红、橙、黄、绿、青、蓝、紫所有颜色的色条上的。但在 ACR 当中，它将所有的色彩进行了拆分，可以对色彩进行更直观的调整，如图 1-11 所示；而对于明暗影调，也不必考虑抽象的曲线形状等，直接在"基本"面板中对曝光值、亮度、对比度等进行简单的调整就可以了，它的功能设置是非常直观的，便于理解，并且调整也比较简单。

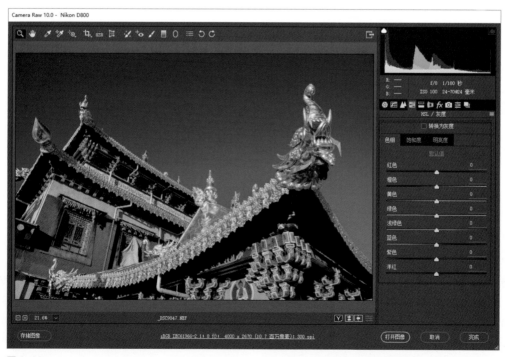

图 1-11

集成化更高

ACR工具的集成化是很高的，它针对摄影后期专门开发了一款工具，将经常用于摄影后期的一些功能全部集中在了一个软件界面当中，而Photoshop中关于摄影后期的各种功能是散落在不同的菜单和面板中的。如图1-12所示，将上方的工具栏与右侧的多个面板这两部分结合使用，几乎能够实现所有的后期效果，因此可以说它的集成化程度是很高的。

图1-12

套装工具，一站式解决问题

ACR的优点是它是作为套装工具出现的，只要安装Photoshop，就会自动安装ACR增效工具，并且在其内部，很多功能都集成在了一起，用户可以直观、简单、快速地进行修片。比如，在ACR的"基本"面板中，可以对照片的白平衡、影调层次、清晰度、饱和度等进行一站式的全方位调整，在一个界面内解决了所有问题，即一站式解决问题，如图1-13所示。

在软件右侧的面板中，还将镜头校正，包括色彩的调整、局部色彩调整等都纳入到了不同的面板当中，直接切换到不同的面板，就可以很好地实现调整，如图1-14和图1-15所示。而在Photoshop中，类似于镜头校正的调整，放在了"滤镜"菜单中，而对于影调的调整，则放在了"图像"菜单中，功能非常零散，不像ACR这样可以一站式解决问题。

除对照片的调整可以一站式解决问题，ACR中还集成了非常多、非常有效的照片存储设置。在存储照片时，打开"存储选项"对话框，在其中可以对照片的格式、存储位置、是否锐化、照片尺寸等进行全方位的设置，如图1-16所示。从打开照片，一直到将照片从RAW格式转为JPEG格式，再到存储照片，整个后期处理流程非常完整，形成了一个闭环。

图 1-13

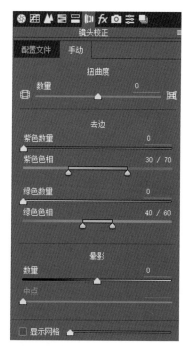

图 1-14

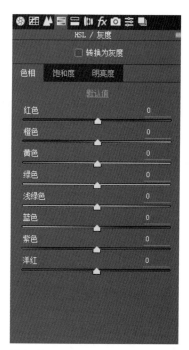

图 1-15

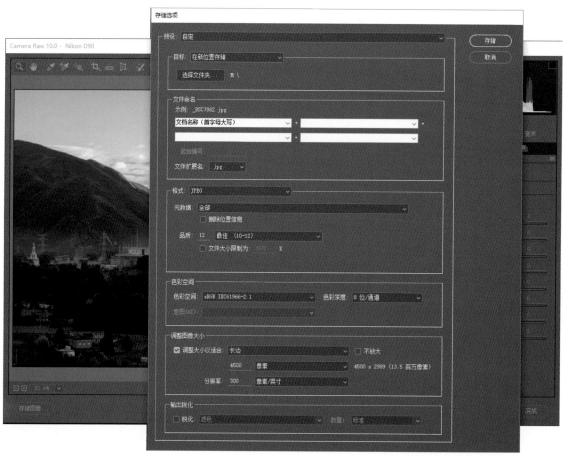

图 1-16

ACR 不能干什么

ACR 工具非常强大，那么是否完美无缺呢？其实也不尽然，比如 ACR 因为缺乏图层及滤镜特效等功能，不能进行照片的合成。

如图 1-17 所示，这张照片的天空与地景是由两张素材拼合成的，这类照片的合成，就不能借助于 ACR 来实现，只能使用功能更加强大但比较复杂的 Photoshop 来解决。

图 1-17

除选区、图层等功能，ACR 也没有一些复杂的特效，比如图 1-18 所示的这张照片，这是将拍摄的原始照片在 Photoshop 中通过扭曲滤镜制作的一个 360°小行星效果，这种效果在 ACR 中就没有办法实现。

对于 Photoshop 也无法解决的问题，很多在 ACR 中同样无法解决，比如前期拍摄的照片因为抖动而造成的模糊，是无法通过后期将其变得非常清晰的。同样，如果拍摄时开大光圈，让背景产生了很大模糊，也无法在 ACR 中将其变为大景深照片，也就是说，ACR 工具同样存在一定的缺陷，但相对来说，对于绝大部分照片、绝大部分用户来说，ACR 是解决问题的好帮手。

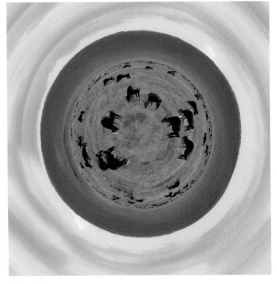

图 1-18

1.3 启动 ACR 的 5 种方式

在安装 Photoshop 时，会自动安装 ACR。如果后续要单独安装，只要借助于 Adobe Creative Cloud 平台进行安装即可，与安装 Photoshop 软件的方法是一样的，这里就不再赘述。下面介绍怎样正确地启动 ACR 增效工具。

1. 将 RAW 格式的文件直接拖入 Photoshop

对于一般的 RAW 格式的原始文件，它的启动是非常简单的，只要先打开 Photoshop 软件，然后选中 RAW 格式的源文件，并按住鼠标左键向 Photoshop 主界面的工作区内拖动，拖动到工作区之后松开鼠标，就会自动打开 ACR 工具，如图 1-19 所示。

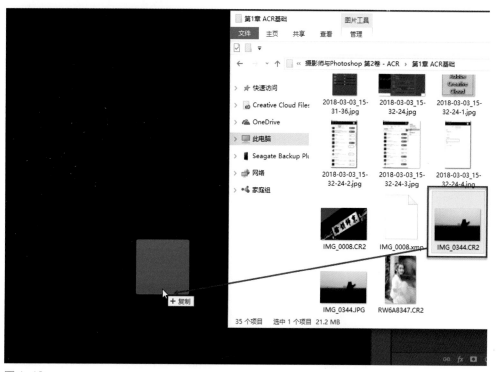

图 1-19

2. 通过 Bridge 中的右键快捷菜单打开

如果安装了 Bridge，那么就可以在 Bridge 中直接打开 RAW 格式的文件。需要注意的是，新版本的 Photoshop 已经将 Bridge 剔除了出去，它不再作为 Photoshop 套装的一种工具，而是需要单独安装。

要使用 Bridge，打开 Photoshop，在菜单栏中选择"文件"|"在 Bridge 中浏览"菜单命令，如图 1-20 所示，这样就可以打开 Bridge 的工作界面。在其中浏览某一张照片时，单击鼠标右键，在弹出的快捷菜单中选择"在 Camera Raw 中打开"命令，如图 1-21 所示，这样就可以将 JPEG 或是 RAW 格式的文件载入到 ACR 工具中。

图 1-20

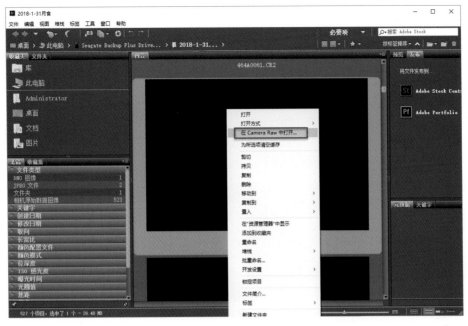

图 1-21

3. 打开为 Camera Raw 格式

对于一般的 JPEG 格式的照片，直接向 Photoshop 内拖动是无法载入 ACR 工具的，不过通过设置，同样可以在 ACR 中打开 JPEG 格式的照片。

具体操作：在 Photoshop 的菜单栏中选择"文件"|"打开为"菜单命令，弹出"打开"对话框，选中要载入 ACR 的照片，然后在"文件名"右侧的下拉列表中选择 Camera Raw 格式，再单击"打开"按钮，如图 1-22 所示，这样就可以在 ACR 中打开一般的 JPEG 格式的照片。

图 1-22

4. 通过 Camera Raw 滤镜打开

新版本的 Photoshop 中增加了一款名为"Camera Raw 滤镜"的滤镜，如果已经打开了 JPEG 格式的照片，又想将这张照片载入到 ACR 中，那么可以直接在菜单栏中选择"滤镜"|"Camera Raw 滤镜"菜单命令，如图 1-23 所示，这样就可以将已经打开的 JPEG 照片载入到 ACR 中。

当然，要注意的是，利用滤镜载入 ACR，是不能进行照片的存储、照片的裁剪等操作的，如果要进行这些操作，对照片进行整体影调、色彩、细节等处理之后，单击"确定"按钮，返回到 Photoshop 主界面，再对照片进行存储或者裁剪操作。

图 1-23

5. 对照片进行设置后将其拖入 Photoshop

要想将 JPEG 格式的照片拖入 Photoshop 并且自动在 ACR 中打开，需要对 Photoshop 进行单独的设置。

打开"Camera Raw 首选项"对话框，然后在底部的"JPEG 和 TIFF 处理"选项组中，打开 JPEG 下拉列表，选择"自动打开所有受支持的 JPEG"选项，如图 1-24 所示，之后再将 JPEG 格式的照片拖入 Photoshop，就会自动载入 ACR。

这种方法是非常有用的，如果同时选择很多张 JPEG 格式的照片，使用这种方法将其直接拖入 Photoshop，会同时在 ACR 中打开所有的照片，这在对照片进行批处理时是非常有用的。

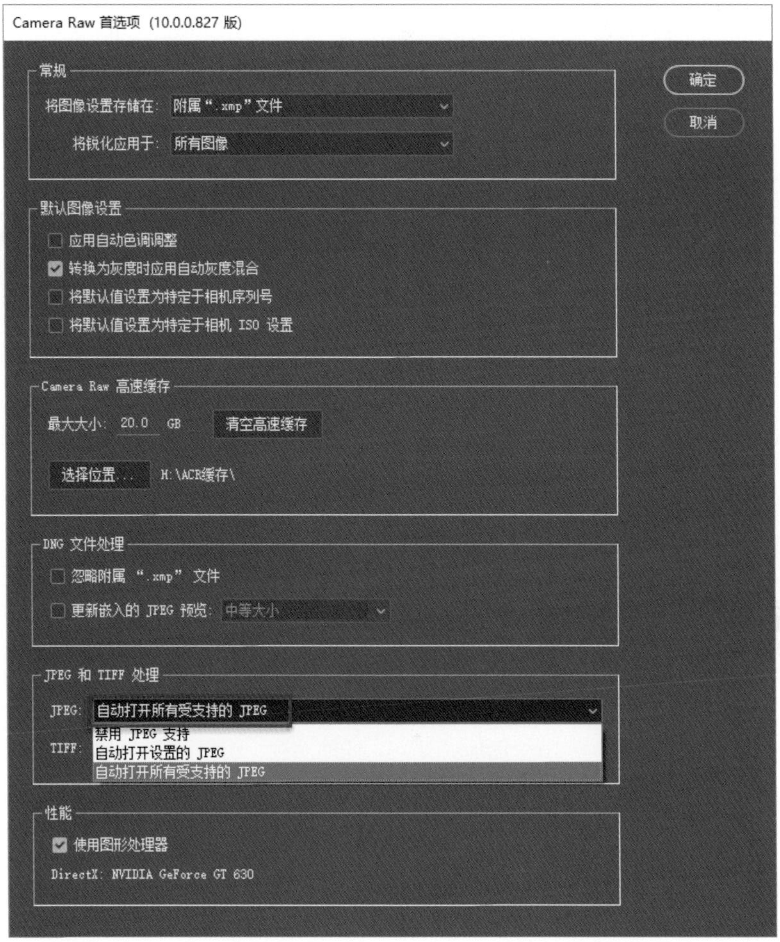

图 1-24

1.4 界面功能剖析与使用

将 RAW 格式的原始文件拖入 Photoshop 后，会被自动载入 ACR。下面将详细介绍 ACR 界面的布局以及大致的使用范围，最后介绍处理照片之后存储照片的一些相关设置。

ACR 的功能布局

如图 1-25 所示，这是使用 ACR 打开一张 RAW 格式源文件之后的界面，界面的大小是可调的，只要将鼠标指针置于界面右上角的边框处，待鼠标指针变为双向箭头，按住鼠标左键向内收缩或者向外扩张就可以了。

①为标题栏，这是非常简单的，标题栏显示出了 ACR 的版本以及拍摄照片的机型。

②为工具栏，工具栏的功能设置相对复杂一些，它包括帮助用于浏览视图的"缩放工具"、可按住照片拖动观察视图的"抓手工具"，以及"颜色取样器工具""裁剪工具"等，它主要用于在对照片进行影调的色彩处理时，帮助用户实现一些特定的功能。当然，工具栏中有几种工具是非常有用的，可以说是 ACR 后期修片的精华所在，这些在后期相关章节中会进行详细介绍。

③为工作区，也可以称为照片显示区，它主要用于显示照片，让用户可以观察到照片的处理结果。

④为直方图，直方图中显示了照片的色阶分布，在后期修片时要学会看懂直方图，这样才能够对照片的明暗影调层次有更好的把握。

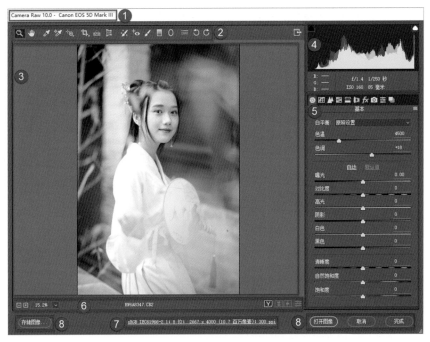

图 1-25

⑤为调整面板区，这个区域包含 10 个面板，每个面板具有不同的功能，例如，在"基本"面板中可以进行影调、色彩细节等的全面调整；在"细节"面板中可以对照片进行锐化和降噪处理；在"镜头校正"面板中可以对镜头的效果进行校准，等等。也就是说，对照片进行全方位调整的核心功能就集中在右侧的面板。

⑥为照片视图调整区，在其中可以设置照片以多大的比例显示，可以设置很小的比例，这样方便用户观察照片的全图，也可以设置以很大的比例显示，方便用户观察照片的局部。在右侧的一排按钮中，还可以设置对比照片处理前后的效果，方便用户进行比较、查看处理效果。

⑦为工作流程选项，单击这个选项，可以弹出"工作流程选项"对话框，在其中可设置当前照片的色彩空间、位深度、照片尺寸、像素、分辨率等信息，本章后面将会介绍相关内容。

⑧为按钮区，其中包括"打开图像""取消""完成""存储图像"等按钮。处理好照片之后，单击"存储图像"按钮就可以对照片进行存储；"打开图像"按钮用于将在 ACR 中处理好的照片在 Photoshop 主界面中打开；"取消"按钮用于取消对照片进行的调整；"完成"按钮用于直接关闭对话框，不进行

任何保存，但是调整过程会被记录下来，并被保存为单独的 .xmp 记录文档。通常情况下，要慎用"取消"按钮，因为一旦单击"取消"按钮，那么之前所做的所有工作都不会被保存下来。

照片存储设置

下面来看照片处理完毕之后对照片存储的设置，在 ACR 左下角单击"存储图像"按钮，可以打开"存储选项"对话框，在该对话框中可以设置非常多的关键信息，如图 1-26 所示。

①为"目标"选项组，在其中可以设置存储照片的位置，可以在相同的位置存储，也可以选择在新位置存储，单击"选择文件夹"按钮，可以另外查找存储的位置。

②为"文件命名"选项组，在其中可以设置自己比较偏好的文件命名方式，比如在前面的文本框中输入英文字母，在后面的文本框中可以加编号。至于下方的"文件扩展名"，则主要用于提醒用户是设置为大写扩展名还是小写扩展名。当然，它还要受下方的照片存储格式的影响。

③为"格式"选项组，在其中可以设置处理完成的照片的存储格式。大多数情况下，要存储为 JPEG 格式，那么 JPEG 格式的文件扩展名就是 .jpg，

在上方的"文件命名"选项组最下方可以进行设置。也就是说，"格式"与"文件命名"这两组参数之间是有一定联系的。在"元数据"下拉列表中，可以设置是保留所有源数据还是删除源数据信息，如果没有特殊情况，建议保留，这样方便后续对照片的管理。因为在管理照片时，可以通过一些源数据信息来查找和定位照片。照片"品质"包括 0 ~ 12 共 13 个级别，设置的品质越高，照片的画质越细腻，但是照片占用的磁盘空间也会越大。由于当前的计算机技术已经非常发达，稍大一点的照片尺寸并不会占用太多的存储位置，所以如果没有特殊情况，建议将品质设置为 10 ~ 12 的最佳品质。

④为"色彩空间"选项组，在该选项组中，要根据照片的用途来设置色彩空间。如果只是为了在计算机上浏览，或者在网络上分享照片，那么设置为 sRGB 色彩空间就可以了；如果照片有印刷或者喷绘需求，那么要将照片设置为 Adobe RGB 色彩空间。至于"色彩空间"的详细设置和原理，在后面会详细介绍。至于"色彩深度"，直接保持默认的"8 位通道"就可以了。如果设置为 16 位通道，虽然照片画质更加细腻，但是 Photoshop 软件的很多功能是无法兼容 16 位通道照片的。

⑤为"调整图像大小"选项组，在该选项组中，如果取消选中"调整大小以适合"复选框，那么当存储图像时，会以原始文件的尺寸直接存储。如果想在网络上分享或者在计算机上浏览等，建议适当地缩小照片尺寸，这样可以使浏览或读取更加快速轻松。选中该复选框后，在其右侧的下拉列表中，建议只选择"长边"选项，即只设置长边的尺寸就可以了，它的短边会自动根据照片的长宽比进行锁定，并进行压缩调整。比如，设置长边为 4500 像素，那么可以看到短边被自动调整为了 3000 像素。至于"分辨率"，保持默认就可以了。

⑥为"输出锐化"选项组，通常情况下，当在 ACR 中对照片进行全方位处理时，就已经进行过锐化及降噪处理了，那么在此就不建议再次设置输出锐化，因此，取消选中"锐化"复选框。

设置好以上参数后直接单击"存储"按钮，这样就可以将照片输出并保存为 JPEG 格式了。

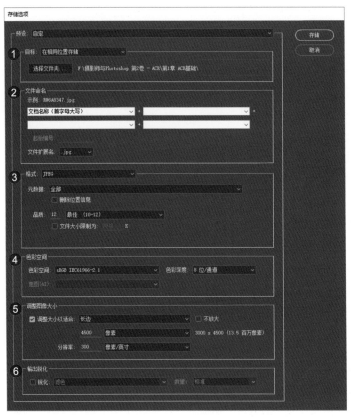

图 1-26

▌1.5 性能配置与优化

在使用 ACR 进行修片之前，有一些具体的软件性能及配置需要单独介绍，主要设置及配置包括两项：一是工作流程选项设置，二是首选项配置。

工作流程选项设置

当处理照片时，在 ACR 底部可以看到工作流程选项超链接，其中显示了色彩空间、照片尺寸等信息。

此时显示的色彩空间其实是当前 ACR 软件的色彩空间，这个软件色彩空间如果配置得太小，那么它是无法容纳 RAW 格式的原始文件庞大的理想色彩空间的，因此对于要求比较高的专业人士来说，应该首先单击工作流程超链接，打开"工作流程选项"对话框，如图 1-27 所示。

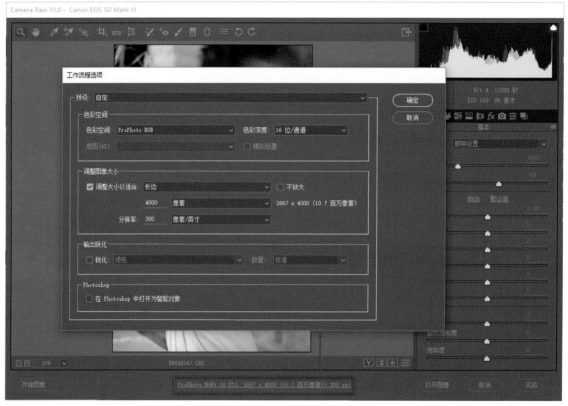

图 1-27

在其中将色彩空间配置为 ProPhoto RGB 这种接近理想化色彩空间、色域非常大的选项。

如果对画面的画质要求非常高，还要将"色彩深度"设为"16 位 / 通道"。

至于"调整图像大小"，此处设置的尺寸并不是指输出时的这个尺寸，它是指以多大的照片视图来处理照片。因此，可以将照片尺寸设置得小一些，在处理时，对这种小照片进行后期处理，处理过后可以保存为大尺寸，这是不受影响的。

但如果不对该选项进行设置，那么打开的原始文件有多大尺寸，就要对多大尺寸的照片进行处理，如果计算机性能不佳，就一定会影响运行速度。

至于"输出锐化"选项组，同样没有必要进行设置。

在 Photoshop 选项组中，只有一个"在Photoshop 中打开为智能对象"复选框。这个功能其实是非常有用的，一旦选中该复选框，那么对照片进行处理之后，再将照片载入 Photoshop，打开的照片就是一个智能对象。如果要从 Photoshop 中再次回到 ACR，只要在"图层"面板中双击图层缩览图，就可以再次回到 ACR，再次对调整过程进行处理。如果取消选中该复选框，一旦将照片载入 Photoshop，就无法再返回了。这个选项是让照片在 Photoshop 主界面与 ACR 之间来回穿梭的一个关键设置，一旦选中该复选框，就可以让照片在 Photoshop 与 ACR 之间来回切换。

首选项配置

最后再来看另外一项关键的设置——Camera Raw 首选项。

在 ACR 上方的工具栏中，单击"打开首选项对话框"按钮，可以打开"Camera Raw 首选项"对话框，如图 1-28 所示。在该对话框中可以设置一些 ACR 中比较不好理解但又相对比较重要的选项。通过设置这些选项，可以使 ACR 的运行速度更快，也可以实现一些想象不到的效果。当然这些设置并没有太明显的外在影响，它的影响是比较内在化的。

首先，在"常规"选项组中，如果设置将图像存储在"附属'.xmp'文件"中，那么一旦对照片进行过处理，完成操作之后，在文件夹中 RAW 格式的文件旁边会生成一个 .xmp 文件，这个文件是加密的，用于记录处理过程的一个文件。它非常小，几乎不占用任何空间。如果删掉了这个文件，那么对 RAW 格式进行的所有后期处理过程将被丢掉。

"将锐化应用于所有图像"是指在输出时是否选择"锐化"复选框，并且在打开任何一张 RAW 格式的原始文件之后，在"细节"面板中可以看到，默认已经提高了一定的锐化值，是否对这个选项进行设置没有太大意义。

在"默认图像设置"选项组中，有几个重要选项。"应用自动色调调整"表示打开照片时，ACR 是否对打开的照片进行智能判断，并自动进行影调优化，对于一般的初学者来说，可以考虑选中该复选框，

图 1-28

因为这样软件会提供一个智能化的参考。当然，即使取消选中该复选框，打开照片之后，在右侧的"基本"面板中间也有一个"自动"按钮，直接单击"自动"按钮，与在此设置的效果是一样的。选中"转换为灰度时应用自动灰度混合"复选框，那么如果将照片转为黑白，软件会自动对黑白的影调层次进行一定的调整。建议选中该复选框，因为对于黑白影调的把握并不容易，选中之后软件会提供一种智能化的参考，会给用户一些思路的启发；如果取消选中此复选框，在设置为灰度时，相应的面板中也有自动调整的按钮。"将默认值设置为特定于相机序列号"和"将默认值设置为特定于相机 ISO 设置"这两个复选框则没有必要选中，它们表示，只有打开的原始文件使用特定相机型号、特定相机参数拍摄时才会使用默认值，这种设置比较偏，没有必要进行设置。

在"Camera Raw 高速缓存"选项组中，可以设置缓存的最大大小。如果缓存超出容量，就无法继续缓存，软件会报警。另外，可以选择高速缓存的位置。正常来说，建议单独选择一个容量比较大、并且不经常使用的硬盘进行存储，避免它影响系统的运行速度。

在"DNG 文件处理"选项组中，"忽略附属 '.xmp' 文件"的意义在于，DNG 格式（Adobe 公司的 RAW 格式形式）可以在内部存储设置文件，为了避免用户在复杂的操作中出现冲突（比如将一张 .cr2 格式的文件进行处理，之后生成 .xmp 文件，然后又将其转换为 .dng 文件，这样 .xmp 和 .dng 的设置就会冲突）。对于一些高级用户来说，为了避免因为疏忽而造成软件冲突，建议选中此复选框。但对于入门者来说，此处没有选中的必要。如果选中"更新嵌入的 JPEG 预览"复选框，当使用 Bridge 或者 Lightroom 查看照片时，就能看到最新的处理效果了。

在"JPEG 和 TIFF 处理"选项组中，大多数情况下主要是针对 JPEG 的应用。如果在 JPEG 下拉列表中选择"打开所有受支持的 JPEG"选项，那么将 JPEG 照片拖入 Photoshop 后，也会自动载入 ACR。一般在同时打开多张 JPEG 照片时，会选择这个选项，这样同时打开的多张 JPEG 格式的照片就会显示在 ACR 左侧的胶片窗格当中。

如果选中"使用图形处理器"复选框，那么软件的运算性能会得到强化。如果计算机性能不够好，则不建议选中该复选框。

第2章
ACR调整面板的使用方法

　　使用 ACR 进行数码照片的后期处理，很大一部分操作是在 ACR 右侧各种不同的面板中完成的。使用这些面板可以对照片完成整体影调、色调、画质及画面几何畸变、透视等的调整和优化。可以说，ACR 的调整面板区域是 ACR 能够发挥作用的核心功能。

　　本章将介绍 ACR 中各种不同调整面板的使用方法和技巧。

2.1 "基本"面板——核心调整

首先看"基本"面板的使用方法。ACR 中的"基本"面板可以说是核心调整界面，在该面板中，可以完成对照片整体色调、影调及部分清晰度的调整。对于照片的处理，绝大部分操作也是在这个面板中实现的。

对于照片整体色调的调整，可以通过白平衡调整来实现。所谓白平衡，即以白色为标准或参照物来识别其他色彩。因为同样的红色，分别放在不同颜色的背景中，人们感受到的红色是不一样的，如图 2-1 所示。

其实，只有红色与白色对比，才能看到真实、准确的红色，其他背景色中的红色都是不准确的。后期处理软件对于色彩的还原或校准就是以白色为基准进行操作的。在调整照片时，只要找准了白色，基本上就能够准确还原照片的色彩。

在调整面板中处理照片时，直方图是最基本的参照物，因此在调整各种不同的参数、优化照片画面时，要注意适时观察照片的直方图。

将照片载入 ACR 中，在界面右上角就可以看到直方图，其中有各种不同色彩的单色直方图，也有能够准确对应照片明暗的明度直方图。从图 2-2 中可以看到，灰白的直方图对应的是照片整体的明暗。此外，还可以看到蓝色、绿色、红色及黄色等其他不同色彩的明暗分布状态。

对照片的色彩进行调整，主要是在"白平衡"选项组中进行的。在图中可以看到，照片有一些偏色，此时切换到"基本"面板，在"白平衡"下拉列表中选择"阴天"选项。因为照片就是在阴天拍摄的。选择"阴天"选项后，照片的色温与色调发生了变化，同时可以看到照片的色彩变得不再偏蓝，如图 2-3 所示。

图 2-1

图 2-2

图 2-3

从直方图中可以看到，原本比较重的蓝色消失了，如图 2-4 所示，基本上能够与明度直方图重合。各种不同色彩的直方图与明度直方图大致重合之后，表示照片的色彩更趋于中性化，而不会像原始照片那样，蓝色直方图右侧溢出——照片偏蓝。调整之后，照片色彩变得正常。

图 2-4

如果要进一步优化色彩，还可以在设置不同的白平衡模式后，再对"色温"及"色调"参数进行调整，使画面的色彩变得更加准确。经过调整，可以看到，蓝色进一步被压缩，与明度直方图进一步重合，而照片的色彩变得更加中性化，更接近于正常太阳光线的照射环境，不再偏色，如图2-5所示。

除可以选择不同的白平衡模式，再调整"色温"及"色调"参数来改变白平衡、校准画面色彩，在ACR中还可以使用工具栏中的"白平衡工具"对照片色彩进行校准。使用这种方式校准照片，效果更加理想，效率也更高，因为操作比较方便。

图2-5

具体操作：在工具栏中选择"白平衡工具"，找到画面中的纯黑色、纯白色或中性灰部分，因为这些部分都是没有偏色的，这里以此作为色彩还原的基准。将鼠标指针放置到这些位置单击后可以看到，在"基本"面板中，"色温"和"色调"参数自动发生了变化，照片的整体色彩也会变得准确，如图2-6所示。整个过程相当于告诉软件色彩还原参照物的位置，然后软件以此为标准来校准画面的整体色彩。

图2-6

此处，要注意的一点是，软件中的白平衡校准与相机的自定白平衡是有区别的。在相机中，以纯白的白板为参照物进行自定白平衡，或根据相机说明书中提到的以中性灰为色彩还原的基准，效果更好。

下面再来看在"基本"面板中对照片明暗影调的调整。对于照片明暗影调的调整，对直方图的依赖程度更高。在直方图的下方有一条黑色线段，这条黑色线段从左端到右端对应的是纯黑到纯白的平滑过渡。这里在直方图下方绘制了一个从纯黑到纯白的渐变条，由左到右是一一对应的，如图 2-7 所示。这个直方图的高度代表某个亮度位置像素的多少，即某种亮度的像素在照片中共有多少。看 ACR 中的直方图，要注意左右对应的不是整个长方体的左右边线，而是直方图底部的那条黑色线段。

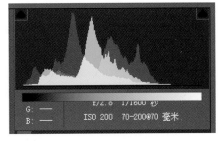

图 2-7

打开一张照片，如图 2-8 所示。从直方图中可以看出，直方图整体的比重是偏左的，这表示照片整体上是有一些偏暗的，因为它更靠近左侧的暗部，所以这里稍稍提高"曝光"值，让直方图的整体比重位于直方图的中间位置，如图 2-9 所示，这样画面整体的明暗就合理了很多。

图 2-8

图 2-9

调整"曝光"使照片的整体明暗合理之后，接下来对照片最黑和最亮的位置进行定义，可以拖动"白色"和"黑色"滑块来完成。

从原图的直方图可以看出，最右端的像素并没有到达直方图最右侧，这说明照片最亮的像素是不够亮的。同样，直方图中最左端的像素也没有到达直方图最右侧，即照片最黑的部分也不够黑。比较理想的状态是，照片最暗的部分刚好到达直方图最

左端，最亮的部分刚好到达直方图最右端，因此，可以向右拖动"白色"滑块，提高照片最亮像素的亮度，使其刚好到达直方图最右端，但要注意，这个值不能提得过高，如果提得过高，那么在直方图最右端会有大量像素堆积，出现纵轴的升起，造成高光溢出。对于暗部的调整同样如此，如图2-10所示。这样，就实现了对照片整体的调整，以及对最亮和最暗的定义。

图 2-10

观察照片可以看出，虽然对照片的整体及最亮和最暗的位置调整过，但天空中比较亮的云层部分及背光的山体部分，用肉眼是无法很好地分辨出层次的。要改善这个问题，最好的办法是对"高光"和"阴影"进行调整，降低"高光"值，追回亮部肉眼不可见的明暗层次。降低"高光"值后，可以看到天空的云层出现了更多的层次。同样，提高"阴影"值，就可以提亮暗部肉眼不可见的层次，如图2-11所示。

前面介绍了"曝光""黑色""白色""高光""阴影"这几项主要参数的含义。其实，在所有照片的后期处理中，上述调整是标准的修片方式，只要弄清楚各种不同参数的含义，就可以非常准确地对不同的照片进行影调的优化。

即使对照片的"高光""阴影""黑色"、"白色""曝光"等参数调整到位，照片看起来仍然不

够理想，这是因为照片的影调层次不够鲜明。这时，可以通过提高对比度来强化照片的影调层次，使照片看起来更加漂亮。提高"对比度"值以后，可以看出，照片的影调层次变得非常理想了，如图 2-12 所示。

经过以上调整，将照片最亮及最暗的部位都调整到位，并且将照片直方图的整体位置也进行了调整，使照片的明暗合理。也就是说，通过以上几个步骤的调整，初步完成了对照片影调的优化。

> **≫ 提示**
>
> 提高对比度可以强化照片的影调层次，使照片变得漂亮，但这不代表在后期调整时可以随意地提高对比度，因为一旦提高对比度，强化的不仅是照片的影调层次，还会强化照片的色彩对比，使照片的色彩饱和度变高。如果饱和度太高，画面会变得失真，因此，对比度的调整要适度。

图 2-11

图 2-12

调整照片的明暗影调层次后，可以提高"清晰度"值，使照片中景物的边缘轮廓得到强化，照片会显得更加清晰，线条更加明显，如图 2-13 所示。

图 2-13

　　提高"清晰度"值后，因为强化了景物边缘轮廓，会对照片原有的一些白色、黑色及对比度等产生新的影响。因此在提高"清晰度"值后，往往还要对其他的影调参数进行微调，使照片从整体看上去更加理想和协调，如图 2-14 所示。

图 2-14

在"基本"面板底部，有"自然饱和度"和"饱和度"参数，经过上述调整，如果觉得照片色彩感仍然偏弱，画面不够优美，这时可以分别提高"自然饱和度"值和"饱和度"值。

其中，"自然饱和度"只用于调整照片中饱和度偏高或偏低的色彩。比如，提高"自然饱和度"值，那么照片中原本饱和度偏低的蓝色等色彩会变得更加浓郁，而原本饱和度就比较高的色彩，饱和度一般不会发生变化。"饱和度"参数则不同，一旦提高"饱和度"值，那么照片中所有颜色的纯度都会变高。这时就会产生新的问题，原本饱和度就比较高的色彩，再次提高饱和度之后，可能会出现色彩信息的溢出，使画面严重失真。

在绝大多数风光题材中，人们会稍稍降低全图的饱和度，确保不会有色彩出现较大的提升，然后再大幅度提高自然饱和度，确保色彩感偏弱的色彩能够鲜艳起来，如图 2-15 所示。有时即使需要提高全图的饱和度，提高的值也会比较低，而对自然饱和度的调整，幅度就会大一些。

图 2-15

经过上述调整，基本上完成了对一张照片整体影调及色调的优化。当然，要注意的是，上述讲解是按照参数的分布顺序来进行的，在实际修片过程中，是不能按照这个顺序进行修片的。通常来说，对于"基本"面板中各个参数的调整，要先调整"曝光""白色""黑色"等影调参数，再调整"清晰度"参数，接下来才会调整"白平衡"及"饱和度"参数。

总之，照片的调整应该是先调影调，再调色调，因为色调的调整会对影调产生较大的影响。

2.2 "色调曲线"面板

ACR中"色调曲线"面板的功能设置与Photoshop中的曲线调整是非常相似的，从这个角度来看，零基础的用户很难驾驭"色调曲线"的调整功能。因此，"色调曲线"在ACR中的存在感不是很强。一般情况下，对Photoshop使用比较熟练的用户可能会经常使用"色调曲线"对照片的影调层次进行优化，而对于更多的用户来说，只是偶尔在对照片进行调色时会用到。下面通过一个具体的案例来介绍利用"色调曲线"功能进行色彩渲染的方法和技巧。

打开如图2-16所示的照片，可以看出现场的灰雾度比较高，画面不够通透。另外，由于是强逆光拍摄，所以画面中的地景变为剪影或半剪影状态。本例想为这张照片打造一种暖色调效果，即强调日落时的暖色，画面呈现出红、橙、黄等色彩。

在ACR中，如果要在"基本"面板中调整照片的色彩，那么可以直接提高"色温"值，让照片向偏黄的方向发展，并适当提高"色调"值，为画面渲染一些洋红色成分，如图2-17所示。因为日落和日出时分，画面的真实色彩是红、橙、黄及洋红色，所以提高"色温"及"色调"值，画面就变得暖了起来。但是仔细观察画面，会发现这种直接调整"色温"值所带来的色调是不够真实、自然的，所以并不是直接调整就能够解决问题，这并不是正确的方式。

图2-16

图2-17

单击"基本"面板右上角的扩展按钮 ，展开扩展菜单，选择"Camera Raw 默认值"命令，如图 2-18 所示。这样可以将所有的参数恢复为默认值，使照片恢复初始状态。

图 2-18

Step 01 切换到"色调曲线"面板，选择"点"选项卡，如图 2-19 所示，设置"通道"为"红色"，此时显示的是红色曲线，如图 2-20 所示。

需要注意的是，在调整时，比较真实、自然的日出、日落场景，其画面色彩分布应该是这样的：天空的云霞部分（即高光部分）往往是暖色调的，而地面包括背光的景物往往是相对正常的色调，甚至有一些偏冷的色彩，这样就会有一种冷暖对比的效果。所以，首先在红色曲线的亮部单击以添加锚点，为照片的亮部渲染比较暖的红色，因为提高了亮部的暖色调后，暗部也会相应地被提亮，因此在曲线的中间调区域添加一个锚点，适当地向下拖动，恢复一下，避免照片的中间调及暗部也过度偏红。此时，照片高光部分的色彩已经非常红了。

图 2-19

图 2-20

Step 02 切换到"蓝色"通道，因为高光部分的暖色调并不是只有红色，还有黄色等，因此切换到"蓝色"曲线后，在高光部分降低"蓝色"值，这相当于增加了黄色。同样的，为了避免中间调及暗部发生变化，也对中间调的蓝色部分进行了恢复。可以看到，高光部分的暖色调不再严重失真，色彩变得正常起来，如图2-21所示。

图 2-21

Step 03 切换到"绿色"通道，在曲线的中间区域添加一个锚点，适当地向上拖动，减少画面中的洋红色成分，避免霞光变得过度偏红。也就是说，整体协调了画面的色彩。一般来说，在调色时，对绿色的调整往往是最小的，它主要起到平衡画面的作用，避免画面过暖或过冷，如图2-22所示。

图 2-22

Step 04 经过对色调曲线的调色，就为画面渲染了比较合理的冷暖色调，但此时的照片画面并不是特别理想，因此可以切换到"基本"面板，再对照片的影调、色彩等进行整体的调整，这样最终得到了非常理想的画面效果，如图2-23所示。

　　整个调整的核心就是利用色调曲线对照片的色彩进行整体的渲染和定位。大多数情况下，色调曲线的主要功能也就在于此。

图 2-23

2.3 "细节"面板——最后的步骤

下面介绍"细节"面板的功能及使用方法。虽然"细节"面板位于面板区的第三个位置，但其实对"细节"面板中各参数的调整，大多是在照片的所有调整都完成之后，即将对照片进行保存时才要进行操作的。也就是说，对"细节"面板的调整往往是照片处理的最后步骤。

Step 01 首先打开一张照片，如图 2-24 所示。

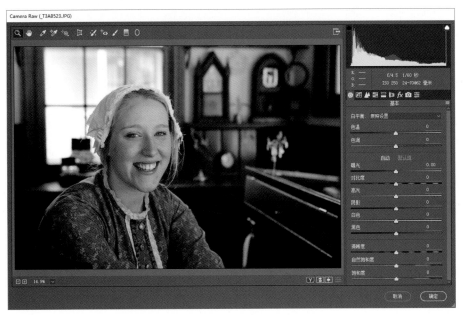

图 2-24

Step 02 在"基本"面板中，对照片的影调及色彩等进行整体处理。此时的照片无论是色彩还是影调都变得比较理想，也比较漂亮，如图 2-25 所示。

图 2-25

Step 03 切换到"细节"面板，在工具栏中选择"放大工具"，将照片放大到 100%，并拖动显示的位置，如图 2-26 所示，将观察的位置放在眼睛部分，因为这也是拍照时对焦的位置。

Step 04 "锐化"是指强化照片中像素之间的差别，让照片显得更加锐利、清晰，提高"锐化"的"数量"值后，可以看到人物面部清晰度变高，画质更锐利，如图 2-27 所示。

在"锐化"选项组中，"数量"参数用于控制锐化程度的高低，"数量"值越大，表示锐化程度越高，照片的锐度也会更高。

"半径"表示在锐化时所能影响的像素范围，"半径"越大，所能影响的像素范围越大，锐化的效果也更明显。

一般的锐化无论是在 Photoshop 中还是在 ACR 中，"数量"与"半径"是一组主要的参数，提高"数量"和"半径"值，可以使照片的锐度变高。

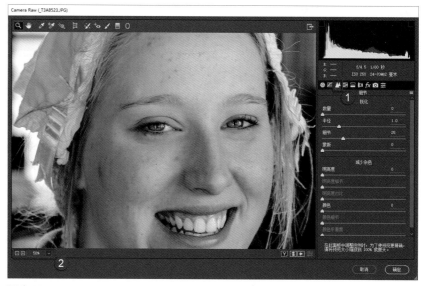

图 2-26

> **》提示**
>
> 如果照片曝光值比较低，后期提亮了暗部，那么会产生噪点，因此在锐化之后，为避免画面中产生过多的噪点，往往要在"减少杂色"选项组中提高"明亮度"值。"明亮度"参数主要用于消除因为锐化产生的噪点。另外一个要关注的参数是"颜色"，因为一旦提高"明亮度"值，那么"颜色"值就会自动提高。在"减少杂色"选项卡中，"颜色"参数主要用于消除照片中因锐化产生的彩色噪点，也就是说，它可以将这些彩色噪点变为单色；而提高"明亮度"，基本上能消除所有的噪点。但要注意，如果在"细节"面板中将"明亮度"参数归0，那么"颜色"参数也将无法调整。正常来说，提高了"锐化""半径"的参数值，再适当提高"明亮度"和"颜色"值，照片的锐化和降噪就都完成了。

图 2-27

Step 05 适当提高"锐化"选项组中的"细节"参数值，可以强调锐化效果。这种细节的提高，可以让画面显示出更多的细节，也就相当于提高了锐化的程度，所以一般来说，在实际处理过程中，不会过度提高"数量"值，而是将"数量"值提高到一个比较适中的程度，大多数时候不会高于100。为了得到更强的锐化效果，可以适当提高"细节"参数值。

接下来可以对比照片处理前后的效果，如图 2-28 所示。从图中可以看出，照片经过锐化及降噪，锐度变得更高，暗部也变得更加平滑细腻。

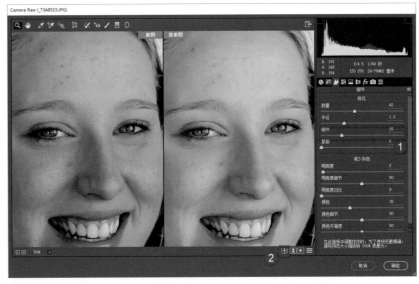

图 2-28

Step 06 在 ACR 的"细节"面板中，还有另外一个参数，即"蒙版"。本例在最终的调整中，提高了"蒙版"值。该参数主要用于限定锐化的对象为照片中的边缘部分，而对于非边缘的平面区域不进行锐化。也就是说，它可以让景物的边缘更加锐利清晰，而让景物的平面显得更加平滑细腻，这在人像照片的锐化处理中非常重要，它可以锐化人物的睫毛、嘴唇等部位的边缘，却可以让人物的面部肤质更加平滑。

本例中提高了"蒙版"值，当提高这个值时，只要在拖动"蒙版"参数时按住键盘上的 Alt 键，就可以显示调整的位置。按住 Alt 键拖动"蒙版"值，可以看到对人物面部一些明显的边缘位置，即明暗相间的部分进行了锐化，而对比较细腻的、面积比较大的腮部等则不进行锐化，如图 2-29 所示。这样，就更容易达到我们想要的效果。

Step 07 最终对照片的锐度及噪点都优化完成后，就可以将照片进行存储了。

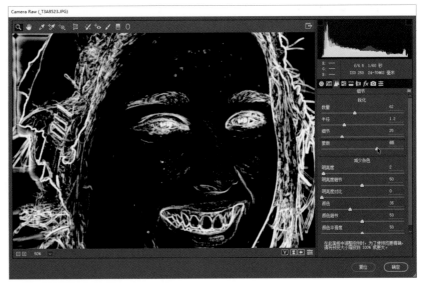

图 2-29

2.4 "HSL/灰度"面板

接下来介绍"HSL/灰度"面板。

所谓 HSL，是指色相、饱和度及明度。之前介绍过，ACR 一个非常大的优点是修图的方式更加直观，即使没有很好的色彩基础知识，也可以对色彩进行一些比较合理的优化和处理，"HSL/灰度"面板就是很好的证明，它可以对照片的不同色彩进行全方位的处理。

Step 01 打开如图 2-30 所示的照片。从照片中可以看到，背景中有些色彩相对来说比较杂乱，此时就可以通过"HSL/灰度"面板进行全方位的优化。

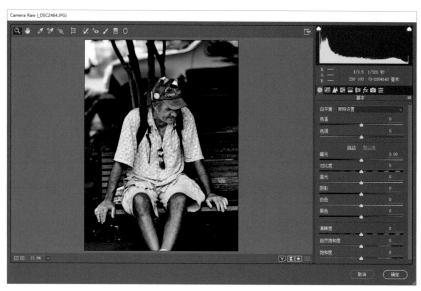

图 2-30

Step 02 切换到"HSL/灰度"面板，首先切换到"饱和度"选项卡，在该选项卡中，首先降低"黄色""绿色""浅绿色"的饱和度，如图 2-31 所示。

至于为什么这样操作，从原图中可以看到，降低黄色的饱和度，可以削弱画面左上角背景当中被光线照射的植物的色彩感。降低这几种颜色的饱和度以后，可以看到，画面的色彩不再过度跳跃，显得协调了很多。

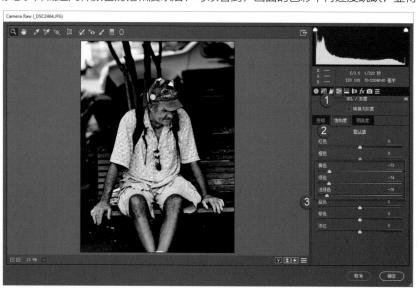

图 2-31

Step 03 即使对饱和度进行了调整，背景中的各种色彩对人物的干扰依然存在，这时可以切换到"明亮度"选项卡，适当降低"黄色""浅绿色"及"绿色"的明亮度，即让这些色彩的亮度下降，变得暗一些，这样就可以让人物更加突出，如图 2-32 所示。

另外，需要注意的是，还要适当提高"橙色"的明亮度，因为无论是白种人、黄种人还是黑种人，人物肤色中的成分都有橙色，因此适当提高"橙色"的明亮度，就可以提亮人物的肤色，让画面中主体人物的肤色更加明亮。这样，就完成了对照片色彩的优化和调整。

图 2-32

如果感觉色彩仍然不够理想，那么可以将照片转为黑白效果，此时已然可以对不同的色彩进行调整，来改变这些色彩的明亮层次，从而最终改善画面的影调。将照片转为黑白效果时，只要在"HSL/灰度"面板中选中"转换为灰度"复选框，就可以将照片转为黑白状态，如图 2-33 所示。

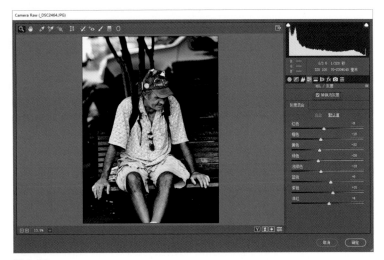

图 2-33

由于已经将照片转为黑白效果，所以可能已经忘记照片中的景物是哪种具体的色彩，不过可以在工具栏中选择"目标调整工具" 。然后将鼠标指针放置到照片中想要降低明亮度的区域，单击并向左拖动鼠标，就可以降低该位置的明亮度。如果要提亮某些区域，只要将鼠标指针放置到相应区域，单击并向右拖动鼠标，就可以提亮相应位置的明亮度，如图 2-34 所示。这样，就可以很快将照片的明暗影调层次调整到非常理想的状态。

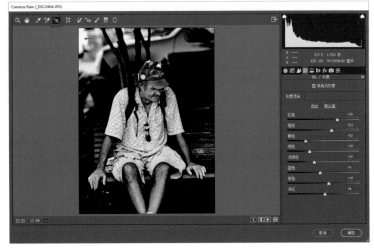

图 2-34

2.5 "分离色调"面板

一般来说,对于绝大部分照片,很少使用"分离色调"功能进行调整。其实,偶尔使用这个功能,可以让一些比较特殊的照片变得非常漂亮。在该面板中,可以对高反差的照片分别进行亮部及暗部色彩的渲染,以达到一种漂亮的色彩效果。

下面来看具体的操作过程。

Step 01 打开一张大光比的逆光高反差照片,如图 2-35 所示,画面的色调整体上比较平淡。

Step 02 在"基本"面板中对照片的影调、色彩、细节等进行全面的优化,得到一张相对比较漂亮的照片,如图 2-36 所示。但这种画面的色调还是比较常见的,缺乏特点。

Step 03 切换到"分离色调"面板,在其中的"高光"选项组中提高"饱和度"值,表示对照片的高光部分,如太阳周边的天空部分及地面被光照亮的部分等亮部渲染上了"色相"条中对应的色彩。默认情况下,"色相"条中的色彩是最左端的红色,但其实太阳的光线及天空的高光部分不会是纯正的红色,因此往往要在提高"饱和度"值后,适当改变色相的位置。大多数时候,这种日出、日落时分,对高光部分的渲染要调整到红色与黄色之间的位置,然后再适当改变"饱和度"。

需要注意的是,在初始的色彩定位时,可以适当将"饱和度"提得高一些,这样更容易观察色彩渲染的效果。这样,就为照片的亮部渲染上了一种暖色调,如图 2-37 所示。

图 2-35

图 2-36

图 2-37

Step 04 在"阴影"选项组中，提高"饱和度"值，此时"色相"的默认位置也是最左端的红色位置，这也不是我们想要的。一般来说，日出、日落时分，背光部分也会有一些相对偏冷的色彩感，因此将阴影部分的"色相"定位到青蓝色的位置，这样就分别对照片的暗部及亮部渲染了不同的色彩，如图2-38所示。

图2-38

Step 05 在"高光"与"阴影"选项组之间，还有一个"平衡"参数。

"平衡"参数的作用在于调节高光和暗部渲染的比例。比如，要向右拖动"平衡"滑块，可以使对暖色调的渲染占据画面更大的比例。提高"平衡"参数值后，画面的冷色调变少，暖色调变多。同样的，如果向左拖动"平衡"滑块，那么画面中冷的成分就更多一些。根据实际情况，日出、日落时分，整个场景有一些暖色调，给人一种温暖的感觉，因此在最终调色时，往往也是暖色的成分更多一些，如图2-39所示。

需要注意的是，在实际使用"分离色调"面板时一定要针对高反差照片，如果照片的反差不够大，那么调整效果是非常差的，只有反差比较大，能够很轻松地区分开高光与阴影部分，渲染效果才会更加理想。

图2-39

2.6　"镜头校正"面板

下面介绍"镜头校正"面板。

在该面板中，可以对所拍摄照片的一些边缘部分进行几何畸变的校正及暗角的校正。对于镜头校正的处理，大多数情况下，针对广角镜头拍摄的照片校正效果更明显一些。

照片中的边缘畸变及暗角是怎么产生的呢？在拍摄照片时，镜头中透镜的中间部分弧度是非常平滑的，但边缘部分的弧度有一个跳跃性的变化，这样光线的折射率及汇聚点都会产生轻微的变化，使拍摄的照片边缘产生几何畸变。即使镜头厂商使用了非球面镜片等校正这个问题，其所能达到的效果也不是100%理想的，因此在拍摄的照片中，边缘仍然有一些畸变。

在开大光圈拍摄时，镜头边缘的采光率与镜头中间部分是有一定差距的，拍摄出的照片往往中间部分比较明亮，而四周有一些偏暗，即所谓的晕影或暗角。

在"镜头校正"面板中，就可以很好地对照片边角的几何畸变和暗角进行校正，得到非常规整的、不会有较大变形的画面效果，并且可以保证画面整体的明亮度比较均匀，不会有明显的暗角。

下面看通过一个案例来看具体的处理过程。

Step 01 打开如图2-40所示的照片。从照片中可以看出两个明显的问题：其一，照片四周与中间的明暗是有一定差距的，特别是左上、左下及右下三个角不仅有几何畸变，而且暗角也比较重。

Step 02 大部分情况下，对照片的"镜头校正"操作是要优先进行的，但要更好地观察效果，可以先对照片的影调和色彩进行初步优化，然后再考虑镜头校正的问题，所以首先对照片影调和色彩进行优化。

图2-40

Step 03 切换到"镜头校正"面板，选中"启用配置文件校正"复选框，注意观察画面，可以看到，四周的暗角变亮，并且四周的几何畸变被校正了过来，如图2-41所示。如果选中该复选框后，照片画面没有反应，那么可能是拍摄的器材此时没有被载入，只要在下方的"镜头配置文件"选项组中设置"制造商"，软件就可以完成对照片的校准。

图2-41

Step 04 观察照片的四角，可以发现，校正有些过度，即此时照片四角的亮度反而比中间要高，这是不合常理的。在底部的"校正量"选项组中适当地向左拖动"晕影"滑块，恢复"晕影"的校正量，可以确保校正比较合理。同样，对于照片四周几何畸变的校正，也可以通过拖动"扭曲度"参数滑块，对畸变的调整进行恢复，如图 2-42 所示。

图 2-42

Step 05 放大照片，可以看到远处的主体四周边缘有明显的彩边。一般来说，在高反差的逆光拍摄场景中，明暗结合的边缘部分都会有彩边，一般是紫边或绿边。要消除这种紫边或绿边现象，只要选中"删除色差"复选框即可，如图 2-43 所示。

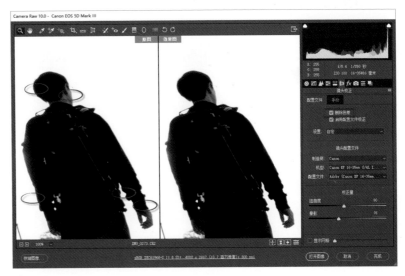

图 2-43

Step 06 选中"删除色差"复选框后，彩边并没有 100% 被消除，即使此时感觉彩边无伤大雅，但为了后续可能对照片进行放大或重印，建议将这种彩边彻底消除。因为系统自动删除色差已经无法达到更好的效果，因此可以切换到"手动"选项卡，观察彩边的颜色。此时的彩边有些偏黄、偏绿，因此在"去边"选项组中选择"绿色色相"，将彩边的色彩包含在绿色色相这片区域内，即表示将要消除这片区域内色彩的彩边。然后提高"绿色数量"，这样即可消除画面中的彩边，如图 2-44 所示。

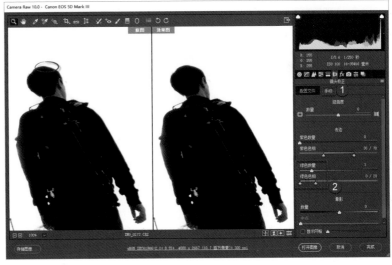

图 2-44

▌2.7 "效果"面板

下面介绍"效果"面板的用法。该面板中有一个非常有用的功能，即"去除薄雾"。下面同样通过一个具体的案例进行介绍。

Step 01 打开一张雾霾天气下拍摄的照片，如图2-45所示，画面的通透度不够，有些沉闷。

图 2-45

Step 02 先不要对照片进行任何处理。切换到"效果"面板，在其中直接提高"去除薄雾"参数值，使照片变得通透起来，对比度也比较明显，色彩感更强。将"去除薄雾"参数值提得越高，去雾效果越明显，如图2-46所示。当然，也不能将去雾程度提得过高，因为提得越高，画面可能产生的失真就越严重。通过对比，将"数量"提到一个相对合理的程度。

图 2-46

Step 03 对照片进行去除薄雾处理后，画面有一些失真。回到"基本"面板，对画面的影调和色彩进行优化，让照片不再显得失真，调整后的画面效果如图2-47所示。

对于绝大部分灰雾度比较高的照片，使用"去除薄雾"功能可以省去很多繁杂的调整过程，提高修片效率。对于初学者来说，使用这个功能是非常有效的修片方式。

Step 04 在"效果"面板中，还有"裁剪后晕影"这一功能。

将照片处理完毕后，如果想适当压暗四周杂乱的景物，突出画面中间的景物，就可以使用"裁剪后晕影"功能进行优化。对于本案例的照片来说，主体正好位于画面的中间位置，那么只要在"裁剪后晕影"选项组中适当降低"数量"值，就可以为照片四周添加暗角，使四周变暗，而中间不受影响，那么中间的主体自然会显得比较突出，如图2-48所示。

图 2-47

图 2-48

需要注意的是，"裁剪后晕影"选项组中还有"中点""圆度""羽化""高光"等参数。

● "中点"是指建立的暗角开始的位置，有些暗角可以设置从中间部分就开始向四周扩散，也可以将暗角设置到接近边缘部分才开始产生。

● "圆度"可以调整暗角的弧度是圆形还是接近方形的形状。

● "羽化"用于设置暗角从产生到最暗过渡的平滑状态。

● "高光"的主要作用是使添加的暗角变得更加自然。

在本照片中，添加暗角后，画面右下角原本存在的一些比较亮的灯光也会被强行压暗，这样暗角就不够自然，此时适当提高暗角的"高光"值，可以让暗角覆盖的光源部分变得亮一些，这样画面会显得更加真实、自然。

2.8 "相机校准"面板

在新版本的 ACR 中，"相机校准"面板中增加了一个新的选项，即"4 版（当前）"。对于普通用户来说，不同版本基本没有什么影响，只要选择默认的版本即可。

下面通过一张照片的不同变化来介绍"相机校准"面板的功能。

Step 01 打开如图 2-49 所示的照片后，切换到"相机校准"面板，"程序"保持默认选择即可。

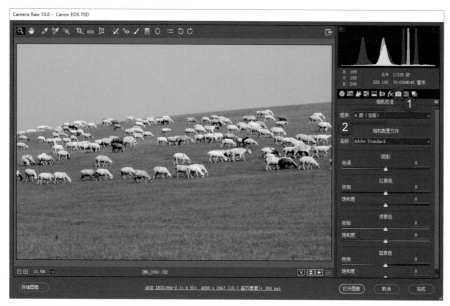

图 2-49

Step 02 在"相机校准"面板中，比较重要的是"相机配置文件"参数。在"名称"下拉列表中可以选择多种照片的配置文件，这类似于佳能相机中的照片风格、尼康相机中的优化校准。比如，选择 Camera Landscape，表示将照片配置为风光风格，这样照片中的蓝色、绿色等就会自动得到强化，反差会变高，这与照片中的风景风格是完全一样的，如图 2-50 所示。

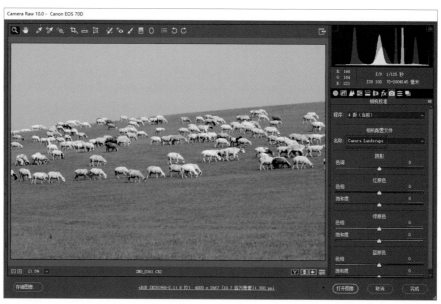

图 2-50

Step 03 如果将名称设置为 Camera Faithful，那么画面的反差会降低，色彩的饱和度也不会太高，确保照片不会有色彩及细节的损失，但相应的画面效果就变得不够理想，如图 2-51 所示。

另外，还有其他的一些风格可供选择，这与相机中的设置是完全一样的。大部分情况下，不建议用户对此进行设置，假设将照片设置为一种风光风格，那么在处理照片之前，软件已经对照片的蓝色、绿色等饱和度进行了提高，并提高了照片的反差，这时再对照片进行影调及色调的处理，就很容易产生色彩及细节的溢出。所以对于有一定基础的用户来说，不建议在此进行配置。

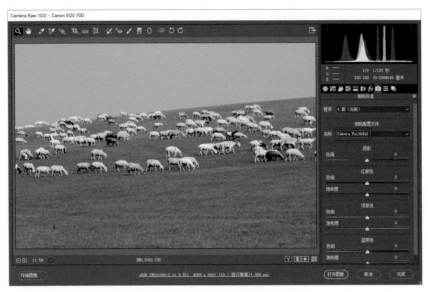

图 2-51

Step 04 在"相机配置文件"下方，有多组调色参数，如图 2-52 所示。从这些参数的名称来看，就能够明白这种调整对照片产生的影响。比如，在"阴影"选项组中向左拖动"色调"滑块，即降低暗部的洋红色，增加绿色的色调，那么暗部就会变得更加冷清。至于"红颜色""绿颜色"及"蓝颜色"参数，改变这些色彩，可以改变原有色彩的逼真程度，比如，可以让原本偏红的色彩变得偏黄一些，让原本偏蓝的色彩变得偏青一些等。大部分情况下，不建议初级用户使用"相机校准"这个面板，更不要轻易调整其中的参数。

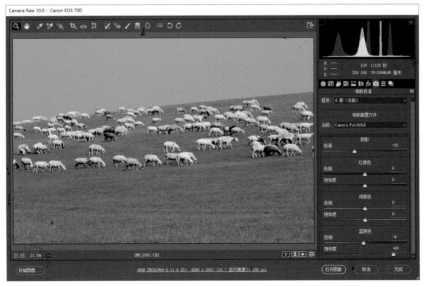

图 2-52

2.9 "预设"面板

处理完一张照片之后,如果同类型的照片非常多,比如在同一场景中为了拍摄星轨,所拍摄的单独的星空照片有成百上千张,如果对每张照片都进行单独的调整,会非常麻烦,并且每张照片的调整效果也会不尽相同。此时,可以使用"预设"来解决这一问题。所谓"预设",是指对照片进行处理后,将处理过程记录下来并保存,对后续同一场景的同类照片,可以直接套用,也就是将对之前照片的处理过程复制过来,完成同步调整。这样能够很轻松地完成修片过程,效率非常高。

下面通过一个具体的案例来介绍"预设"的使用方法。

Step 01 打开如图 2-53 所示的照片,这是一组荷花照片中的一张。在后期的解决方案中,只能进行批量处理,才能得到协调一致的效果,否则一张一张地处理,要花费很长时间。

Step 02 对所打开的照片进行明暗影调及色彩的优化,将照片调整到比较合理的程度,如图 2-54 所示。

Step 03 切换到"预设"面板,在"预设"面板底部单击"新建预设"按钮,弹出"新建预设"对话框,在"标题"文本框中输入"荷花",然后单击"确定"按钮。此时在"预设"列表中可以看到创建的"荷花"预设,如图 2-55 所示。这个预设记录了用户对照片进行的所有处理操作。

图 2-53

图 2-54

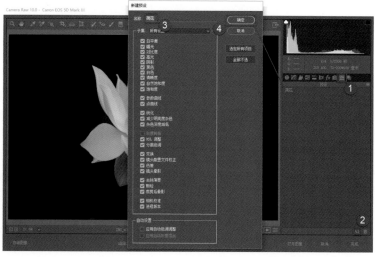

图 2-55

Step 04 同一场景的这组照片，色彩、影调、曝光等基本是一致的，所以对这些照片的影调及色彩处理也应该是一样的。打开其他素材照片，如图 2-56 所示。

图 2-56

Step 05 切换到"预设"面板，在列表中选择"荷花"预设，此时可以看到照片套用了对之前照片的处理过程，照片画面发生了变化，得到了与之前处理效果基本一致的画面，如图 2-57 所示。

图 2-57

Step 06 回到"基本"面板，对照片整体影调及色彩进行一定的微调，如图 2-58 所示。

对于同场景内光线相似的其他照片，也可以按照这个思路，快速完成后期处理过程。

借助于"预设"面板，可以极大地提高自己的修片效率，这是很有用的一个面板。

图 2-58

2.10 "快照"面板

对一张照片的后期处理，在不同的时间段可能会有不同的思路，有时可能感觉为照片准确还原真实的色彩效果是最好的，而有时会觉得将照片处理成暖色调或冷色调效果会更好一些，而有时也会觉得这些照片效果都非常好，这时应该怎么处理呢？如果每次都将照片重新处理成一种新的效果，那么之前的处理效果就丢失了。在 ACR 中，快照就是解决这一问题的最佳方式，在 ACR 中可以保存照片处理的多种方案，下次如果想要输出某一种效果，就可以直接切换到相应效果，而不必再重新进行处理。

下面来看具体的操作过程。

Step 01 打开如图 2-59 所示的照片。

图 2-59

Step 02 对照片的影调和色调进行全方位的处理，将照片调整到比较合理的状态，如图 2-60 所示（当前的效果为一般纪实题材的低饱和度高质感效果）。

图 2-60

Step 03 调整完毕后，切换到"快照"面板，在面板底部单击"新建快照"按钮⬚，弹出"新建快照"对话框，设置"名称"为"标准色调"，然后单击"确定"按钮，此时在"快照"列表中可以看到生成了一个名为"标准色调"的快照，如图2-61所示。

图 2-61

Step 04 切换到"基本"面板，继续对照片的色彩进行调整。提高"色温"值加黄，降低"色调"值加绿，将得到一张具有复古色调风格的画面，这种复古色调风格会让照片变得与众不同，如图2-62所示。

图 2-62

Step 05 这时，可以再次切换到"快照"面板，按照同样的方法再创建一个"复古色调"快照，如图 2-63 所示。这样，"快照"列表中就有"标准色调"与"复古色调"两个快照。

图 2-63

此时即使关闭后期处理软件，下次再打开这张原始文件，如果要输出两种不同的照片效果，那么只需切换到"快照"面板中，选择相应的色彩效果，就可以得到相应效果的画面。也就是说，"快照"多了一种虚拟的照片保存效果，为用户节省了存储空间，并提高了照片保存的效率。

第3章
ACR 工具的使用方法

在 ACR 中对照片进行的几乎所有的后期处理，往往都需要各种不同工具的辅助。在使用工具时，用户还要在选项面板中对工具参数进行设置，最终实现各种不同的目标。

3.1 放大或缩小工具

将RAW格式的文件载入ACR后，会自动以默认的视图大小显示，基本上刚好可以填满ACR界面的视图区。如图3-1所示，此时左下角显示的视图比例数值是17.1%，如果打开视图显示比例列表，选择"符合视图大小"选项，会发现视图比例固定不动，也就是说初次打开RAW格式的文件，显示的视图比例与直接选择"符合视图大小"的效果是一样的。

图 3-1

在处理照片的过程中，经常需要放大照片，观察重点景物的细节，这时可以在视图显示比例列表中选择更大的显示比例值，但实际上还有一种更为简单的方法，那就是在ACR上方的工具栏左侧，单击"放大/缩小"按钮，初始状态为"放大"，直接在需要放大显示的局部位置单击就可以放大显示该位置的细节，如图3-2所示。多次单击会叠加放大效果。而具体的显示比例则可以在左下角的比例列表中看到。

如果要缩小照片观察照片的整体效果，那么可以在激活"放大/缩小"按钮的前提下，按住键盘上的Alt键，此时鼠标指针也变为缩小状态，单击即可将照片视图缩小，如图3-3所示。

图 3-2

图 3-3

3.2 抓手工具

放大照片后，如果要观察照片中其他位置的细节，那么可以在工具栏中选择"抓手工具"，此时鼠标指针变为小手的形状，将其移动到照片上，按住鼠标左键拖动可以改变显示的位置，如图 3-4 所示。

对软件操作比较熟悉的用户都知道，在将照片放大的状态下，即便不选择"抓手工具"，只要按住键盘上的空格键，那么此时的鼠标指针也会自动切换为小手状态，如图 3-5 所示，按住鼠标左键拖动照片就可以了，也可以起到"抓手工具"的作用，而松开鼠标则恢复为原来的状态。

图 3-4　　　　　　　　　　　　　　　　　　图 3-5

3.3 白平衡工具

照片中的中性灰可以用来进行颜色的校正，还原照片的色彩。在"基本"面板的左上角，有一个"白平衡选择器"按钮，单击该按钮即可使用。

首先，打开如图 3-6 所示的照片，这张照片是偏青蓝色的。

图 3-6

要对照片的色彩进行校正，需要寻找要校色照片中的中性灰像素区域，单击进行拾色，这一操作告诉照片单击的位置就是中性灰，利用这个中性灰，照片就可以准确还原色彩了，如图 3-7 所示。

图 3-7

如果校色后画面色彩与理想的效果有一定差距，用户还可以手动调节参数面板中的色温与色调值，改变画面的色彩，达到自己满意的效果，如图 3-8 所示。

图 3-8

图 3-9

3.3 颜色取样工具

"颜色取样工具"本身并没有过多的调整功能，它主要用于辅助其他工具完成某些操作。

在使用 ACR 进行后期处理时，如果感觉某个位置色彩不够准确，但又无法用肉眼直接判断该位置到底偏哪种颜色，可以利用"颜色取样工具"，在偏色位置单击，如图 3-10 所示，单击后该位置的色彩信息就会显示在单独的面板当中。

在印刷等应用领域，对于色彩的要求更精确，借助于"颜色取样工具"，就可以将各种原色的比例显示出来。在图 3-11 所示的照片画面中，分别对天空、建筑、绿色植物、花卉等各种不同的位置进行了颜色取样，照片中可以看到取样标记，并都带有编号，而其对应的取样信息就显示在工具栏下方，从中可以看到不同取样位置的色彩配比。

与 Photoshop 主界面中的颜色取样器不同，ACR 中添加的颜色取样位置最多是 9 个（Photoshop 主界面中是 10 个）。在 ACR 中，一旦使用的颜色取样器数目超过了 9，就会弹出警示框，如图 3-12 所示。

图 3-10

图 3-11

图 3-12

3.4 目标调整工具

ACR工具栏中的第5个工具为"目标调整工具"，其实该工具命名为"目标选择与调整工具"会更合理一些。使用这个工具，设置调整项后，将鼠标放在想要调整的位置上，就可以选定该位置对应的色彩或者明暗，按住鼠标上下或者左右拖动，就可以改变该位置对应的色彩或明暗。

需要注意的是，若选定的位置是蓝色的，而我们设置调整色彩，调整的则是全图的蓝色。

选择"目标调整工具"时，按住鼠标不松开，会打开工具列表，从中可以看到可以调整的选项，有"参数曲线""色相""饱和度""明亮度"和"灰度混合"这5项，如图3-13所示（也可以在选择该工具后单击鼠标右键，也会弹出选项菜单）。

"参数曲线"其实就是调整曲线，对应的是明暗影调调整；"灰度混合"对应的是将照片转为黑白后的明暗调整。

本例照片中天空的曝光值比较高，所以选择调整"参数曲线"，此时自动切换到"色调曲线"面板，如图3-14所示。按住鼠标左键向下（或向左）拖动，可以压暗照片中与所选位置亮度相近的区域。相应的，色调曲线也会发生变化。对于偏暗的树干部分，则可以按住鼠标左键向上拖动进行提亮。

下面尝试进行色彩的调整。首先再次按住"目标调整工具"不放开，打开工具列表，在其中选择"色相"选项，这表示再次使用该工具时，调整的项目就是色相。或者在照片上单击鼠标右键，在弹出的快捷菜单中选择"色相"命令，如图3-15所示。这两种操作的效果是一样的。

图 3-13

图 3-14

图 3-15

因为照片当中的树木有些杂色，看起来碍眼，将鼠标指针放到色彩偏黄的部分，按住鼠标左键分别向左或向右拖动一下，找到让黄色向绿色偏移的方向。根据"HSL/灰度"面板中色彩的设置，向右拖动会让黄色变绿，经过调整可以看到色彩变得协调了很多，如图3-16所示。

图 3-16

照片远端的树木色彩有问题，用同样的方法让此处的树木色彩变得协调一些，效果如图3-17所示。

图 3-17

虽然树木的色彩比较相近了，但却比较暗淡。这时可以再在画面上单击鼠标右键，在快捷菜单中选择"饱和度"命令，将鼠标指针放在色彩暗淡的树木上，按住鼠标左键后适当向右拖动，让色彩感强烈一些，如图3-18所示。

图 3-18

单击鼠标右键，在弹出的快捷菜单中选择"明亮度"命令，在照片当中某些亮度偏高的位置，按住鼠标左键向下拖动，降低这些部分的亮度，进一步调整，如图 3-19 所示。

图 3-19

此时整体观察照片，可以看到影调层次有些不够明显，选择"参数曲线"命令，分别在亮处和暗处按住鼠标左键拖动，强化画面的反差，效果如图 3-20 所示。这样可以让画面的影调层次变得更丰富。

图 3-20

如果要将照片转换为黑白效果，然后再调整各不同部位的明暗，可以在快捷菜单中直接选择"灰度混合"命令，然后再根据实际情况进行调整，如图 3-21 所示。

图 3-21

3.5 裁剪工具

利用"裁剪工具"可以对照片进行二次构图，得到更理想的构图画面。选择"裁剪工具"时，按住鼠标不放，或者在选择工具后单击鼠标右键，会弹出裁剪快捷菜单，在快捷菜单中可以选择限定裁剪后的构图比例，有 1:1、2:3、3:4 等，其中 2:3 为消费机相机主要的构图比例，也是大多数时候的选择，如图 3-22 所示。

如果不限定比例，可以选择"正常"选项。

如果要自定比例，那么只要选择"自定"选项，就可以弹出"自定裁剪"对话框，在其中输入自己想要的比例就可以了。

限定自己想要的比例后，还可以将鼠标指针放在裁剪线上，按住鼠标左键拖动，改变构图范围的大小。如果将鼠标指针放在裁剪线的四角，那么鼠标指针会变为可旋转的状态，按住鼠标左键拖动可以改变照片角度，如图 3-23 所示。当然，改变角度时，依然是锁定之前选定的长宽比的。

继续单击鼠标右键，选择"自定"命令，会弹出"自定裁剪"对话框，在其中可以手动设置想要的照片长宽比，此处设置为 3:1 的比例，设置好之后单击"确定"按钮可以完成调整，如图 3-24 所示。

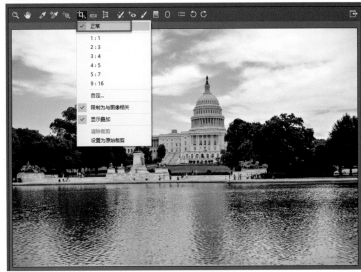

图 3-22

图 3-23

图 3-24

3.6 拉直工具

选择"拉直工具",再将鼠标指针放在照片中的某些直线上,拉出一条标记线,那么照片会以此标记线为水平的标准,对照片进行校准,如图 3-25 所示。一般来说,标记线越长,对于水平的校正越准确。

图 3-25

校正水平之后,可以继续使用"裁剪工具",对照片的构图范围进行限定,如图 3-26 所示。

图 3-26

调整构图范围之后,最终完成水平校正及调整的画面如图3-27 所示。

图 3-27

3.7 变换工具

如果照片中的水平线与竖直线都发生了倾斜，直接使用"拉直工具"往往是不能实现调整的，拉直了水平线，竖直线依然会有倾斜。这时就要使用"变换工具"进行调整了。

下面来看一个具体的案例。如图 3-28 所示，可以看到照片的水平线是不平的。选择"拉直工具"，在照片当中找到一段水平线，然后从左向右拖动一段距离，最后松开鼠标。

图 3-28

经过水平校正之后，虽然水平线条已经没有问题了，但竖直线条却发生了严重倾斜，如图 3-29 所示。这说明针对这种画面只进行拉直调整是无法满足要求的。

图 3-29

接下来使用"变换工具"对照片进行调整。选择"变换工具"后，找到画面中的横向线条，沿着该线条绘制一条与之平行的线条，如图 3-30 所示，此时可以发现一条变换线是没有效果的。

图 3-30

这说明一根线条是不够的，需要再找到另外的水平线，再次绘制一条与之平行的参考线，如图 3-31 所示。经过这两根线条的校正，画面的水平就基本没问题了。

图 3-31

接下来解决照片竖直线条的问题。找到照片中的原有竖直线，绘制一条与之重合或者平行的竖直线，如图 3-32 所示。

图 3-32

再找到另外一条照片中原有的竖直线，继续绘制一条与之重合或者平行的竖直线。经过两条参考线的绘制，照片的竖直方向也完成了校正，如图 3-33 所示。

图 3-33

对线条进行变换校正后，可以看到因为画面的扭曲，四周出现了一些空白区域。在工具栏中选择"裁剪工具"，裁掉四周空白的部分，如图 3-34 所示。

图 3-34

裁掉空白部分之后，对照片画面进行一定的影调和色彩优化，最终画面效果如图 3-35 所示。

使用"变换工具"对照片进行校正后，可以看到，无论是水平方向还是竖直方向，都是非常规整的。

图 3-35

3.8　污点去除工具

"污点去除工具"用于去除画面中的污点或者瑕疵。

首先，在 ACR 中打开要处理的原始照片，如图 3-36 所示。

图 3-36

放大照片，可以看到天空中有很多污点，如图 3-37 所示。

图 3-37

在工具栏中选择"污点去除工具"，然后在右侧可以设置画笔的直径大小、羽化和不透明度这几项参数。在消除污点之前，要适当调整画笔的大小及边缘。一般来说，画笔直径的大小比污点稍大一点即可，"羽化"值保持默认，"不透明度"值可以设置为 100%，如图3-38 所示。

图 3-38

在消除污点时，软件会自动在污点周围找一个参考点，用参考点内平滑的像素替换污点区域的像素。将鼠标指针放在参考点选区的边缘，可以改变参考区域的大小，如图 3-39 所示；将鼠标指针放在参考区域的中间，可以通过拖动改变参考区的位置，如图 3-40 所示。

图 3-39

图 3-40

有时消除污点用的选区可能会影响我们观察去污效果，也可能会影响我们对其他污点进行消除，这时就可以在界面右下角取消选中"显示叠加"复选框，这样就不会再显示污点周围的选区线，如图 3-41 所示。

通常情况下，对于污点去除类型，都会选择"修复"功能，当"修复"功能不理想的时候，才会选择"仿制"功能，如图 3-42 所示。"仿制"功能是用取样处的像素完全替换要修复的区域，这样得到的效果可能不够自然。而修复功能是将取样处的像素进行混合然后修复的，效果更好一些。因此，大多数情况下，都会使用"修复"类型去修复污点。

图 3-41

图 3-42

3.9 红眼去除工具

如图 3-43 所示的照片，拍摄时夜晚灯光比较昏暗，所以使用了闪光灯，因此，人物有很明显的红眼现象。

一般情况下，在强光下人眼的瞳孔会缩小以减少入光量，而在夜晚昏暗的光线下人的瞳孔会放大，确保有充分的入光量让我们看清弱光下的环境。弱光下如果使用闪光灯拍摄，那么强光会穿过放大的瞳孔入射到底部的毛细吸管，这样最终拍摄得的照片人物就会出现红眼现象。为了避免产生红眼现象，有时可以使用预闪（防红眼）的方法刺激人眼缩小瞳孔。

图 3-43

如果照片中的人物有红眼也没关系，在 ACR 中可以很轻松地将其消除。

Step 01 放大照片，这样可以更清晰地观察红眼的状态。选择"红眼工具"，此时可以在右侧面板中看到"瞳孔大小"和"变暗"两个参数。一般来说，这两个参数保持默认即可，如图 3-44 所示。因为在实际调整时，可以通过在眼睛上拖动鼠标确定瞳孔的大小，至于"变暗"，则是指要让人物瞳孔变黑还是变亮，大部分情况下是要变暗的。如果将红眼消除后瞳孔不够暗，可以调整"变暗"参数，让暗的程度更高。

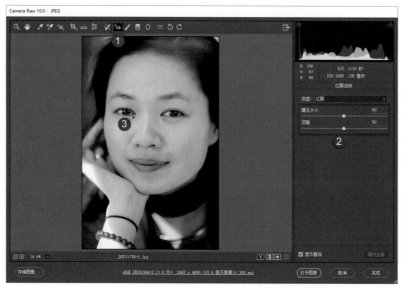

图 3-44

Step 02 在人物眼睛上边缘按住鼠标左键拖动出一个选框，以覆盖住人物瞳孔的红眼部分为准。确定范围后松开鼠标，就可以看到红眼被消除了。然后用同样的方法，再将另外一只眼睛的红眼消除，如图 3-45 所示。

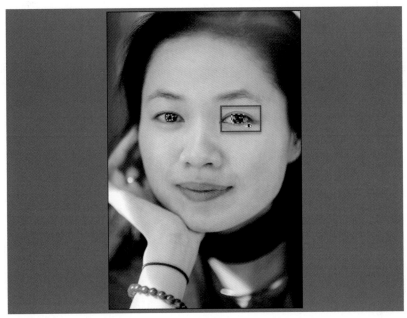

图 3-45

Step 03 如果第一次拖动的画框范围太小或者太大，不够准确，可以将鼠标指针移动到边框线上，待光标变为双向箭头时，拖动鼠标来改变画框大小，以便让红眼的消除更为准确，修复后的人物瞳孔更为自然，如图 3-46 所示。

Step 04 最后可以从整体上观察修复后的照片，如果效果不够理想，还可以随时再次选择"红眼工具"，对之前的效果进行调整，如图 3-47 所示。

图 3-46

图 3-47

　　在参数面板当中，还有一个选项为"宠物眼"。顾名思义，该选项用于修复宠物的红眼问题。宠物红眼的修复比较简单，要调整的参数只有"瞳孔大小"，如图 3-48 所示。

　　如果在参数面板中选中了"添加反射光"这个复选框，那么在修复宠物红眼的问题时，还会自动为眼睛添加眼神光，如图 3-49 所示。添加眼神光后可以让照片中的宠物显得更有精神。用同样的方法对宠物的另外一只眼睛完成红眼的修复，如图 3-50 所示。

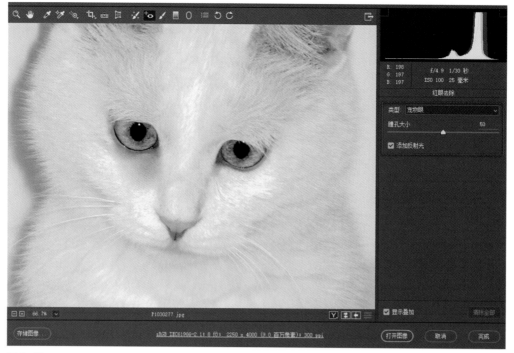

图 3-48

图 3-49

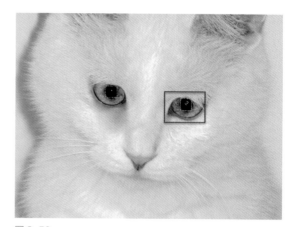

图 3-50

3.10 调整画笔工具

在 ACR 中，调整面板中的大部分参数都是对照片整体进行调整，可以优化画面的影调、色彩和细节。但在实际的后期处理过程中，能够让照片真正变得与众不同的，则往往是局部调整，比如要提亮主体、压暗背景、锐化主体对象、让陪体等景物虚化模糊等，这就需要借助局部调整工具来实现。

ACR 中的局部调整工具主要包括"调整画笔工具""径向滤镜""渐变滤镜"等，这几款工具可以对照片的某一个局部亮度、色彩、锐度等进行优化。

下面介绍"调整画笔工具"的使用思路和具体方法。打开如图 3-51 所示的照片，可以看到画面整体曝光比较合理，但主体人物不够突出。

图 3-51

Step 01 在"基本"面板中，对"曝光值""对比度""高光""阴影""白色"和"黑色"等参数进行调整，提亮主体正面的亮度，以显示出更多的细节和层次，如图 3-52 所示。

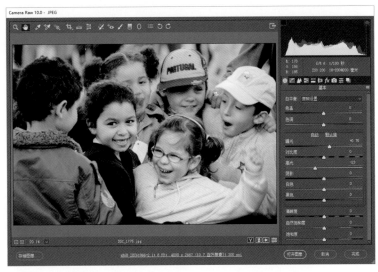

图 3-52

Step 02 对照片整体影调进行优化之后，出现了新的问题，即周边一些对象的亮度太高了，这会干扰主体的表现力。选择"调整画笔工具"，然后打开右上角的折叠菜单，选择"重置局部校正设置"菜单命令，将参数都归零，如图 3-53 所示。

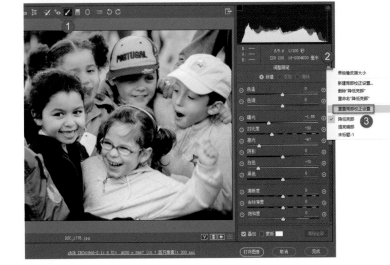

图 3-53

Step 03 降低"曝光""高光""白色""去除薄雾"等参数的值，降低周边对象的亮度，参数设置如图 3-54 所示。这里要注意的是，一般降低某些部位的亮度时，往往还要适当降低对比度，使调整效果看起来更自然。然后控制好画笔的直径大小，在周边涂抹，降低这部分的亮度，如图 3-55 所示。

> **≫ 提示**
>
> 在参数面板的底部，可以通过拖动滑块来改变画笔的直径大小，还可以单击鼠标右键，左右拖动来改变画笔的直径大小。

图 3-54

图 3-55

Step 04 经过涂抹之后，周边对象人物的亮度及清晰度都降了下来，只有中间的人物保持清晰、明亮的状态，效果如图 3-56 所示。

图 3-56

Step 05 如果感觉涂抹的效果不够理想，还可以在保持"调整画笔工具"处于激活状态的前提下，对右侧的参数进行一定的调整，让涂抹效果发生变化，如图 3-57 所示。

图 3-57

Step 06 此处想要的是让照片中间的两个人物面部都是清晰的，但此时左侧的人物也被涂抹掉了，所以在参数面板右上方选择"清除"单选按钮，然后在左侧人物面部涂抹，将其擦拭出来，如图 3-58 所示。

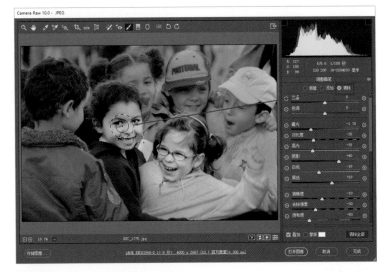

图 3-58

Step 07 经过擦拭还原，左侧的人物也被还原了出来，此时的画面效果如图 3-59 所示。

图 3-59

选择"新建"单选按钮，新建一支调整画笔，然后打开折叠菜单，选择"重置局部校正设置"菜单命令，将参数都归零，如图3-60所示。

因为中间人物的面部饱和度比较高，阴影部分有些沉重，所以适当提高"阴影"值，降低"饱和度"值，在人物面部涂抹，让这部分的反差变小，并且饱和度变低，如图3-61所示。

图 3-60

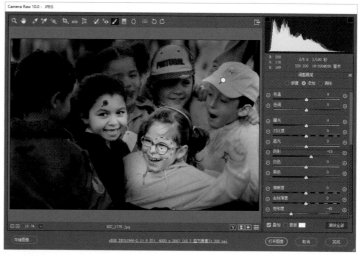

图 3-61

再次新建一支调整画笔，降低"曝光"值和"饱和度"值，在周边人物色彩比较浓重的位置涂抹，降低这些位置的色彩感，如图3-62所示。

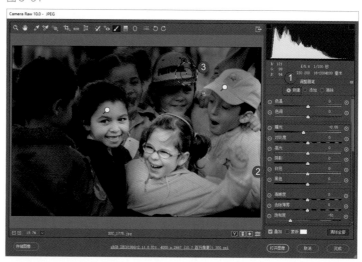

图 3-62

回到"基本"面板，在其中对画面整体的影调、色彩和细节进行微调，让画面整体变得协调起来，调整完毕后效果如图3-63所示。

图 3-63

3.11 渐变滤镜

使用"调整画笔工具"可以对照片中的一些局部区域进行调整，对整个照片的后期处理效果起到画龙点睛的作用。但有一个明显的问题：如果要强化的区域比较大，放大画笔进行涂抹，效果可能不够理想，边缘部分不够自然。例如，要调整大片的天空部分，"调整画笔工具"就不是很好用。针对这类问题，可以使用ACR中的"渐变滤镜"来实现。

打开如图3-64所示的照片，可以看到调整完毕后的天空是有些过曝的。如果使用"调整画笔工具"对天空进行涂抹，那么天空与地面相接的位置总是不够自然。

图 3-64

选择"渐变滤镜"，其参数设置与之前介绍的"调整画笔工具"是一样的。这里要适当降低"色温"值，让天空偏蓝会更加自然。另外，要降低"曝光""高光"及"白色"等参数值，确保天空会暗下来。然后用鼠标指针从天空上方向下拖动，这样"渐变滤镜"会产生两条参考线，绿色为起始线条，红色为终止线条，在两条线之间生成一个非常规范的渐变区域，如图3-65所示。

这里要注意：

（1）生成渐变起始线后，将鼠标指针放在线条上，拖动鼠标可以旋转渐变调整的角度。

（2）渐变线的距离越宽，渐变效果越自然，越窄则影调变化跨度越大，结果越不够平滑自然。

（3）按住 Shift 键再拖动鼠标，可以制作上下或者左右的标准方向的渐变。

图 3-65

天际线附近因为景物杂乱，地景有些位置也被渐变滤镜影响到了，这时可以在参数面板右上方选择"画笔"单选按钮，然后选择"减去画笔工具"，在包含进来的过多的地景部分涂抹，将这些部分擦拭掉，还原出原有的亮度，如图3-66所示。

图 3-66

初步调整之后的画面效果如图3-67所示。

图 3-67

如果对调整效果不满意，可以再次选择"渐变滤镜"，然后在照片中单击渐变滤镜的标记将其激活，再次按下鼠标左键拖动，可以改变渐变影响的区域，还可以在右侧的参数面板中改变参数，改善调整的效果，如图3-68所示。

图 3-68

3.12 径向滤镜

与"渐变滤镜"相同,"径向滤镜"也是"调整画笔工具"很好的补充。但不同的是"径向滤镜"主要用于制作圆形、椭圆形渐变区域,用于凸显圆形区域的主体对象。例如,借助"径向滤镜",可以营造出类似于暗角的效果。

图 3-69

打开如图 3-69 所示的照片。

在工具栏中选择"径向滤镜",在右侧的参数面板中设置滤镜调整的"效果"范围是"外部"(即调整线之外的区域),如图 3-70 所示。然后降低"曝光""对比度""高光""白色"等参数值,如图 3-71 所示。

> **≫ 提示**
>
> 除了所限定的区域不同,"径向滤镜"的其他功能与"渐变滤镜"基本相同。

图 3-70

图 3-71

在人物周边拖动出调整的圆形区域,此时可以看到,调整区域之外的部分会变暗,这可以让内部的人物区域变得更加突出和醒目,如图 3-72 所示。如果拖动出的区域不够准确,将鼠标指针放在中间的标记上拖动可以改变位置。

将鼠标指针放在边线上,出现双向箭头后拖动,可以改变调整区域的形状和大小,如图 3-73 所示。

经过调整,人物明暗依然不变,但周边变暗,这样就达到了突出主体的目的,如图 3-74 所示。

图 3-72

图 3-73

图 3-74

▎3.13 范围遮罩：颜色

范围遮罩是在 Photoshop CC 2018 中新增的一项功能。

在 ACR 中打开准备好的示例照片，可以看到当前使用的 ACR 版本是 10.0，分析照片，可以看出天空有些过曝，显得苍白，如图 3-75 所示。

图 3-75

在"基本"面板中，对照片的影调层次进行优化，适当降低"曝光"和"高光"等参数值，追回天空的一些层次和色彩感，并适当提高"清晰度"值，使画面中景物的轮廓更清晰，如图 3-76 所示。

图 3-76

要解决拍摄高反差场景出现的这种问题，一般可以在拍摄时在镜头前加装渐变滤镜。而在后期则要通过"线性渐变"滤镜来实现。

选择"线性渐变"滤镜，降低"色温""曝光""高光"和"白色"值，在天际线周边部分由右上到左下方制作线性渐变，这样就可以让过曝的部分都暗下来，如图3-77所示。

此时会产生新的问题，即地面有些凹凸不平的岩石表面也被线性渐变染上颜色，并且变暗了，这显然不是我们想要的。

图 3-77

在早期的 ACR 版本中，这个问题是很难解决的，但在新版本的 ACR 中，可以使用新增加的"范围遮罩"功能，消除地面岩石上被过多影响的部分。

在使用"线性渐变""径向渐变"及"调整画笔工具"时，在参数面板底部，都可以看到"范围遮罩"下拉列表。该功能的原理是根据不同景物间的明暗或色彩差别，对不同景物分别进行调整，比如利用"线性渐变"制作大范围渐变，利用"范围遮罩"可以将其中某些亮度的景物单独恢复出来，使其不受"范围遮罩"的影响。这样就可以让"线性渐变"滤镜只影响想要调整的部分，而不调整岩石等不想调整的部分——因为天空与岩石的亮度是有很大差别的，利用"范围遮罩"可以做到有选择地区别对待。

单击"线性渐变"标记将其激活，可以看到参数面板底部"范围遮罩"下拉列表处于可选状态，其中有"无""颜色"和"明亮度"3个选项。默认是"无"，即该功能不起作用，如图3-78所示。

图 3-78

本例中，天空与岩石之间差别最大的是颜色：天空是蓝色的，地景是灰色的，因此这里先选择"颜色"选项，如图3-79所示。

此时在下拉列表框右侧可以看到一个吸管图标，单击该图标，然后将鼠标指针移动到天空中蓝色的位置单击。这表示"线性渐变"影响的区域是吸管定义的色彩，以及与该色彩相近的一些色彩，而地景部分的色彩与天空相差很大，就不在"线性渐变"调整的范围内了。

图 3-79

定义"线性渐变"的色彩后，地景色彩被还原了出来，只有天空的色彩保持了蓝色。

接下来继续移动鼠标指针，在天空的不同位置单击进行定义，力求将天空绝大部分的色彩和明暗都包含进来。如图 3-80 所示，可以看到进行了 5 次定义，有 5 个吸管标记。经过多次定义，可以看到天空色彩是蓝色的，而地景被排除到渐变调整之外，为原有的颜色。

图 3-80

对天空进行调色，有些位置会出现色彩断层，这时可以调整下方的"色彩范围"参数，让调整效果变得平滑、自然起来，如图 3-81 所示。

图 3-81

与一次单击定义一种色彩不同，可以直接在想要的位置按下鼠标拖动，绘制一个区域，该区域以及与该区域内色彩相近的像素都会被定义成调整区，如图 3-82 所示。

图 3-82

利用拖动的方式对调整区域进行定义，可以看到拖动后吸管标记下有个虚线矩形框，如图3-83所示。使用拖动的方式进行定义，要按住Shift键进行多次定义，最多同样可以定义5个位置。

图 3-83

3.14 范围遮罩：明亮度

范围遮罩中的"颜色"是利用色彩差别对调整区域进行限定的，"明亮度"则是利用景物间的明暗差别进行限定的。比如，制作一个渐变，影响到了整个画面，但通过限定亮度范围，可以设置只让渐变影响某个亮度范围内的景物，亮度范围之外的景物则不受影响。

观察之前的案例，可以看到天空和地景是有明暗差别的，整体来说天空亮、地景暗。此时就可以利用"明亮度"来限定只调整比较明亮的天空部分，而不调整偏暗的地景部分。

制作渐变让天空变蓝后，地景的岩石也变暗了，如图3-84所示。此时，在"范围遮罩"下拉列表中选择"明亮度"参数。

"亮度范围"用于定位线性渐变要调整的区域：向右拖动暗部滑块，那么两个滑块之间的亮度区域就是线性渐变影响的区域；而岩石比较暗，其亮度处于滑块之外，表示不会受到线性渐变的影响。这样就可以将岩石区域排除在线性渐变之外，将岩石的亮度恢复出来，如图3-85所示。

图 3-84

图 3-85

下方的"平滑度"参数
与羽化的功能类似，会让调
整区域与非调整区域的过渡
变得平滑。提高这个参数值，
可以让画面的影调和色彩过
渡变得比较自然，如图 3-86
所示。

图 3-86

调整完毕后，最终的效
果如图 3-87 所示。

图 3-87

第4章
隐藏的胶片窗格

本章介绍 ACR 中胶片窗格的各种使用技巧。

在 ACR 中只打开一张照片是无法看到胶片窗格的，只有同时打开多张照片，才能在 ACR 主界面的左侧看到胶片窗格。在胶片窗格中，可以对照片进行批处理操作，提高修片效率；还可以进行 HDR 高动态范围照片效果的制作。另外，也可以制作全景图。

4.1 批处理照片

对照片进行批量处理，主要是指在同一场景中拍摄的大量照片，其影调与色彩差别不大，进行批处理会有很好的效果，并且可以提高人们的工作效率。对于一些同一视角的堆栈素材，使用批处理操作效果更为理想。

处理后进行同步设置

本例这组素材照片表现的都是同一场景，在拍摄时使用三脚架固定相机视角连续拍摄了大量的照片，本例的目的是要将这些素材照片处理为同样的影调与色彩效果，最终进行素材的堆栈。

如果逐张进行处理，那么工作量是非常大的，并且处理的效果也未必统一，而借助批处理功能，则可以帮助我们非常理想地完成素材的准备工作。

首先，在计算机中同时选中所有的素材照片，将其拖入 Photoshop，这样所有的 RAW 格式的照片就会被同时载入 ACR 中。在 ACR 工作界面的左侧可以看到胶片窗格，所有打开的素材都以列表的形式显示了出来，如图 4-1 所示。

我们没有必要对所有的照片都进行处理，可以在胶片窗格中选中一张照片对其进行处理。首先进行镜头校正，切换到"镜头校正"面板，在其中选中"删除色差"以及"启用配置文件校正"这两个复选框。由于四周的暗角校正有些过度，因此在下方的"较正量"选项组中向左拖动"阴影"滑块，恢复一些校正量，如图 4-2 所示。

图 4-1

图 4-2

回到"基本"面板，在其中对照片的影调及白平衡等参数进行一定的调整，让照片的影调及色彩都变得比较理想，参数设置及画面效果如图4-3所示。

图4-3

由于照片的色彩感仍然偏弱，这时可以考虑分别对照片的高光及阴影进行色彩的渲染。切换到"分离色调"面板，在其中将高光渲染成一种偏紫的暖色调，打造一种神秘的氛围。如果感觉色彩比较浓重，那么可以向左拖动"平衡"滑块，这样可以减轻一部分高光色彩渲染的比例，如图4-4所示。

图4-4

再次回到"基本"面板，对画面中的色彩、影调及细节等进行轻微的调整，完成照片的处理。此时在左侧胶片窗格中照片缩略图的右下角可以看到照片已经被进行过处理的标记，如图4-5所示。

图4-5

全选胶片窗格中的所有照片，如图 4-6 所示。全选的操作方式有很多，可以按住键盘上的 Ctrl 键分别单击每张照片；也可以单击右上角的扩展按钮，在展开的菜单中选择"全选"命令，如图 4-7 所示；还可以在某一张照片上单击鼠标右键，在弹出的快捷菜单中选择"全选"命令，如图 4-8 所示。

全选所有照片之后，在照片上单击鼠标右键，弹出快捷菜单，选择"同步设置"命令，如图 4-9 所示，这时会弹出"同步"对话框，在其中可以发现所有的复选框除最后三项之外，都处于选中状态。之所以不选择"裁剪""污点去除"等复选框，是因为考虑到每一张照片裁剪的比例可能不同。对于本案例来说，因为没有进行过裁剪、污点去除及局部调整等操作，所以是否选中并没有影响。在处理同一场景非同一视角的照片时，绝对不能选中这 3 个复选框。最后单击"确定"按钮完成操作，如图 4-10 所示。

图 4-6

图 4-7

图 4-8

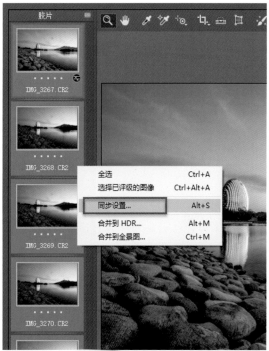

图 4-9

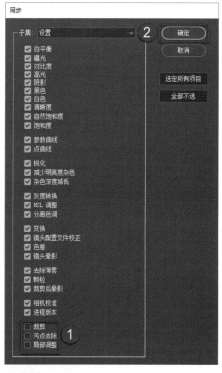

图 4-10

操作完成后，胶片窗格中所有照片缩览图的右下角都出现了被处理过的标记，并且处理的效果是完全一样的，如图 4-11 所示。

图 4-11

同步处理多张照片

在胶片窗格中对照片进行批处理有很多种方法，之前介绍的是使用"同步设置"对这些照片进行批处理。下面介绍另外一种批处理照片的方法，即同时对多张照片进行批处理。将拍摄的所有素材拖入 Photoshop，载入 ACR，然后在胶片窗格中全选所有照片，对照片进行影调及色调的处理，因为之前已经介绍过，这里就不再过多赘述。然后切换到"分离色调"面板，在其中对高光部分进行一定的色彩渲染，调整过程及画面效果如图 4-12 所示。

因为之前全选了所有照片，所以同时对所有照片进行了同样的操作。在胶片窗格中照片缩览图的右下角可以看到所有照片都有被处理过的标记。回到"基本"面板中，再对画面整体进行一定的微调，此时的参数设置及画面效果如图 4-13 所示。

图 4-12

图 4-13

批处理同一场景的照片，一般不要选中"裁剪""污点去除""局部调整"等复选框，但如果是同一场景同一视角的画面，则不在此限定范围之内。因为在进行裁剪时，所有照片的处理角度是完全一样的。在工具栏中选择"裁剪工具"对照片进行一定的裁剪，让主体得到适当的放大，如图4-14所示。

图 4-14

照片都处理完毕之后，一定要确保所有的照片都被选中，然后单击左下角的"存储图像"按钮，弹出"存储图像"对话框，在其中可以设置照片存储的位置、格式、画质、色彩空间及照片尺寸大小，如图4-15所示。最后再将照片保存就可以了，这样所有的照片都会被同时保存下来。

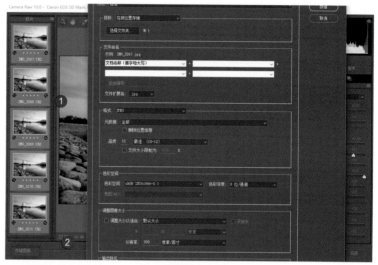

图 4-15

使用预设

接下来介绍对照片进行批处理的第三种方法，即使用 RAW 文件的预设进行处理。首先打开一张要处理的照片，如图4-16所示。

图 4-16

将照片影调、色彩等都调整到一个比较理想的状态，如图4-17所示。

在ACR右侧的"预设"面板中，单击底部的"新建预设"按钮，弹出"新建预设"对话框，保持默认的复选框选中状态，在"名称"文本框中输入"雁栖湖日落"，然后单击"确定"按钮。这样，在"预设"面板中就新建了一个"雁栖湖日落"预设，如图4-18所示。

建立好预设后，就可以再次打开在同一场景以同一视角拍摄的照片，然后直接切换到"预设"面板，在其中单击"雁栖湖日落"预设，就可以将其他的所有照片套上已创建的预设，这样就实现了对其他所有照片的快速调整，这也是一种批处理方案。

图 4-17

图 4-18

载入 .xmp 文件

接下来介绍对照片进行批处理的第四种方法。在ACR中对照片进行影调、色彩、画质的调整之后，如果单击界面右下角的"打开图像"或者"完成"这两个按钮（如图4-19所示），那么在计算机的照片存储文件夹中，就可以产生与源文件同名但为.xmp格式的加

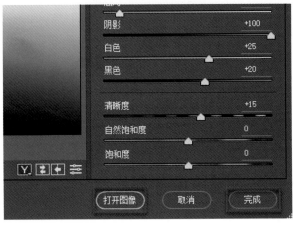

图 4-19

密文档，如图 4-20 所示，这个加密文档记录了对照片进行的所有操作。接下来将一张或者多张没有经过处理的 RAW 格式的原片拖入 Photoshop，它们会被同时载入 ACR 中。选中打开的照片，然后在 ACR 右侧参数面板的右上角单击扩展按钮，在展开的菜单中，选择"载入设置"命令，如图 4-21 所示。

IMG_3267.CR2

IMG_3267.xmp

图 4-20

图 4-21

这时会打开"载入设置"对话框，找到对上一张照片进行处理时产生的 .xmp 加密文档并选中，然后单击"打开"按钮，如图 4-22 所示。这样就使新打开的所有照片都加载了之前对照片进行的处理，后续的所有照片都得到了同样的处理，可以说这种方法非常高效。

图 4-22

批处理 JPEG 照片

之前介绍的 4 种批处理方法其实都差不多，都是非常高效的，但如果我们同时选中多张 JPEG 格式的照片并拖入 Photoshop，那么无论如何是不会载入 ACR 的，只有进行一定的设置，才能在 ACR 中同时打开多张 JPEG 格式的照片，同时进行批处理操作，下面来看具体操作。

首先在 "Camera Raw 首选项" 对话框底部的 "JPEG 和 TIFF 处理" 选项组中，设置 JPEG 为 "自动打开所有受支持的 JPEG"，如图 4-23 所示。

在计算机中同时选中所有要处理的 JPEG 格式的照片并拖入 Photoshop，此时所有的 JPEG 照片都会被同时载入 ACR 中，可以在左侧胶片窗格中看到照片列表，如图 4-24 所示。

图 4-23

在 ACR 中处理 JPEG 格式的照片与处理 RAW 格式的原片并没有本质的不同，其不同之处主要在于在 "基本" 面板中，"白平衡" 只有 "自动" 和 "自定" 两种模式，而没有更多的模式可供选择，这也是 JPEG 照片本身的劣势，如图 4-25 所示。

此外，在 "相机校准" 面板中，对于 JPEG 格式的照片来说，"相机配置文件" 只有 "内嵌" 一种，即它已经嵌入了一种具体的照片风格，不能在此进行单独的配置，如图 4-26 所示。

图 4-24

图 4-25

图 4-26

除了 "白平衡" 及 "相机配置文件"，对于 JPEG 格式的文件的处理，差别可能只有 "镜头校正" 这个选项了，除了以上所介绍的 3 个选项，没有与 RAW 格式的太大不同，因此在进行批处理时，只要按照之前的方法设置预设，或者同时处理就可以了。还需要注意的是，对大量的 JPEG 格式的照片同时进行处理，并不会产生附加的 .xmp 文件，所以没有办法使用这种方法。

4.2 制作全景

全景照片的正确获取方式是近景拍摄，然后在后期处理软件中制作完成。具体方法是"近距离拍摄＋后期接片"，这样得到的照片视野开阔，且画面细节丰富。

后期思路指导前期拍摄

使用三脚架，让相机同轴转动：左右平移视角连续拍摄多张照片，且要保证所拍摄的这些素材照片在同一水平线上，如图 4-27 所示。使用三脚架辅助是最好的选择了。在三脚架上固定好相机，但要松开云台底部的固定按钮，让云台能够转动起来，然后同轴左右转动相机拍摄即可。

IMG_6459.CR2   IMG_6460.CR2   IMG_6461.CR2

图 4-27

选用中长焦端镜头避免透视畸变：使用广角镜头拍摄全景照片，大约 2 ~ 3 张即可满足全景接片的要求。这样虽然简单一些，但却存在一个致命的缺陷，那就是无论多好的镜头，广角端往往存在畸变，即画面边角会扭曲，多张边角扭曲的素材接在一起，最终的全景也不会太好。应该选择畸变较小的中长焦距来拍摄，如果使用中等焦距拍摄，画面四周的畸变是比较小的，如图 4-28 所示，这样 4 ~ 8 张照片完全可以满足全景接片的要求。

图 4-28

手动曝光保证画面明暗一致：要完成全景照片的创作，要注意不同照片的曝光均匀性。即应该让全景接片所需要的每一张照片有同样的拍摄参数，光圈、快门、感光度等要完全一致，如图 4-29 所示，这样最终完成的全景照片才会真实。

| IMG_6707.CR2 | IMG_6708.CR2 | IMG_6709.CR2 |

图 4-29

充分重叠画面：在拍摄全景照片的过程中，要注意相邻的两张素材照片之间应该有 15% 左右的重叠区域。如果没有重叠区域，那么后期无法完成接片；如果重叠区域少于 15%，那么接片的效果可能会很差，也有可能无法完成；当然，如果重叠区域很大，甚至超过了一半，合成效果也不会好。如图 4-30 展示了全景合成后的效果。

图 4-30

全景合成

下面来看第一个全景接片案例。有些场景的景色非常优美，但镜头不够广，无法表现出令人震撼的大场景，这时使用全景接片技术，就能得到超级视角的美景。要想得到全景的照片画面，在拍摄时就应注意，要使用三脚架，将相机的水平角度固定，拍摄时只转动中轴，让相机在同一水平线内转动，自左至右或自右至左横向连续拍摄。拍摄的素材与素材之间大致要有 15% 左右的重合度。如果没有重合度，是无法进行接片的。

从图 4-31 到图 4-36 所示的素材中可以看出，素材与素材之间是有一定重合度的。最后在后期处理软件中进行接片，便得到了一个超大视角的画面，如图 4-37 所示。

图 4-31

图 4-32

图 4-33

图 4-34

图 4-35

图 4-36

图 4-37

Step 01 在文件夹中同时选中准备好的素材。这里有 6 张照片，均为 RAW 格式。将它们拖入 Photoshop 中，这 6 张照片会同时被自动载入 ACR，在 ACR 左侧的胶片窗格中可以看到这 6 张 RAW 格式原片的缩览图。在工作区中只显示其中的一张照片，如图 4-38 所示。

图 4-38

Step 02 按住 Ctrl 键单击每一张照片，将照片全部选中，然后在照片上单击鼠标右键，弹出快捷菜单，选择"合并到全景图"命令，如图 4-39 所示。这里也可以在全选照片后，单击缩览图右上方的扩展按钮 ☰，在弹出的扩展菜单中选择"合并到全景图"命令，如图 4-40 所示。

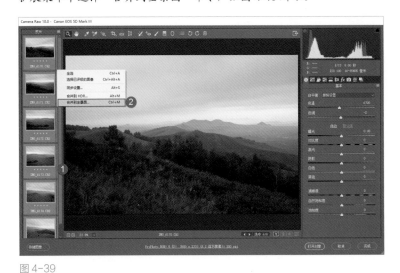

图 4-39

图 4-40

Step 03 经过一段时间的运算，照片就会自动完成合成，进入"全景合并预览"对话框，在对话框右侧有两组参数，分别为"投影"和"选项"。在"投影"选项组中有"球面""圆柱"和"透视"3 个单选按钮。在合成全景图时，要选择一种合成方式，"球面"是一种相对比较正常的合成方式；选择"圆柱"合成方式，照片的高度会被拉高；"透视"模式主要针对使用广角镜头拍摄的素材接片。至于这 3 种不同的合成方式，在后续会详细展示。在此选择默认的"球面"单选按钮，如图 4-41 所示。

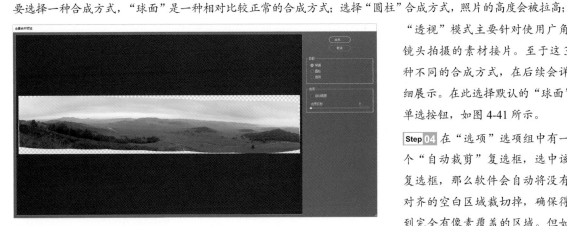

图 4-41

Step 04 在"选项"选项组中有一个"自动裁剪"复选框，选中该复选框，那么软件会自动将没有对齐的空白区域裁切掉，确保得到完全有像素覆盖的区域。但如果只选中"自动裁剪"复选框，那么可能会将一些想保留的重点区域裁剪掉。在本例中，只选中"自动裁剪"复选框，可以看到右下角的路面被裁掉了，这显然是不符合要求的，如图 4-42 所示。

图 4-42

Step 05 在"自动裁剪"复选框下方，还有一个"边界变形"参数，只要将"边界变形"参数值提到最高，就可以将原有的空白区域通过扭曲像素来填充，这样，就可以得到完整的画面像素了，如图 4-43 所示。也就是说，在进行全景合成时，可以取消选中"自动裁剪"复选框，但一定要将"边界变形"参数值提到最高，这样确保画面不会有空白像素区域。

图 4-43

Step 06 下面对比一下选择不同的"投影"选项对照片画面的影响。之前是在"投影"选项组中选中"球面"单选按钮，可以看到画面被压得很扁。这里选中"圆柱"单选按钮，可以看到，画面的高度变高，如图 4-44 所示。

图 4-44

> **》提示**
>
> 将"边界变形"参数值提到最高后，对于是否选中"自动裁剪"复选框是没有任何影响的。

Step 07 选中"透视"单选按钮，会弹出提示框，提示"选定投影对于此图像集无效"，如图 4-45 所示，这表示进行全景合成之前拍摄的素材并不是使用广角镜头拍摄的，它自然不符合这种合成模式。

图 4-45

Step 08 设置"投影"为"球面"并将"边界变形"提到最高之后，单击"合并"按钮，弹出"合并结果"对话框，保持默认的文件名，单击"保存"按钮，如图 4-46 所示。

Step 09 这样，软件就会完成全景图的合并，如图 4-47 所示，并且合并后的结果文件依然是 RAW 格式。此时，可以对 RAW 格式的文件重新进行全方位的调整了。

Step 10 在工具栏中选择"变换工具"，然后在右侧的参数面板中设置相关参数适当地"旋转"照片，对照片进行水平校正，避免画面出现倾斜，使画面给人失衡的感觉，如图 4-48 所示。

图 4-46

图 4-47

图 4-48

第4章　隐藏的胶片窗格　| 91

Step 11 切换到"基本"面板，在其中对照片的影调层次进行优化，适当提高"对比度"值，降低"高光"值，提亮"阴影"值，如图 4-49 所示。

图 4-49

Step 12 由于天空区域的亮度比较高，有轻微的过曝，因此选择"渐变滤镜"，降低"高光""白色""曝光"等参数值，在天空上方由上向下制作渐变，降低天空的亮度，如图 4-50 所示。

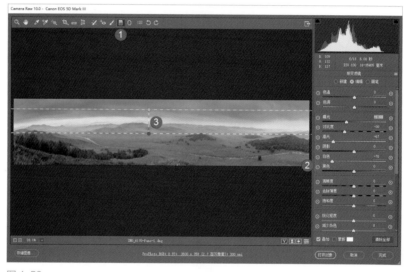

图 4-50

Step 13 返回"基本"面板，调整照片的"色温"和"色调"值，让画面的色彩变得稍微偏蓝、偏青一些，这种色调更适合表现夏季的美景，如图 4-51 所示。

图 4-51

Step 14 提高"自然饱和度"和"饱和度"值，让画面的色彩感更强，浓郁的色彩更容易吸引人的注意力，如图4-52所示。

Step 15 单击ACR界面下方的工作流程选项超链接，打开"工作流程选项"对话框，在其中调整图像大小，因为初步合成时，接片的像素是非常大的，长边可能达到数万的尺寸，这样在后续的运行过程中对计算机的配置考验是非常大的，因此适当降低长边的长度，也就相当于缩小了照片的尺寸。选中"在Photoshop中打开为智能对象"复选框，然后单击"确定"按钮，如图4-53所示。

Step 16 在ACR主界面右下角单击"打开对象"按钮，将照片载入Photoshop中。创建"可选颜色"调整图层，设置"颜色"为"白色"，将天空远处的白色区域渲染上暖色调。根据之前介绍的知识，降低"青色"值，增加"黄色"值，微调"洋红"值，并适当增加"黑色"值，降低白色区域的亮度。这时可以看到天空最远处已被渲染上了一定的暖色调，如图4-54所示。之所以这样处理，是因为照片本身是在日出时分拍摄的，远处的天边是有一些暖色调的。

图 4-52

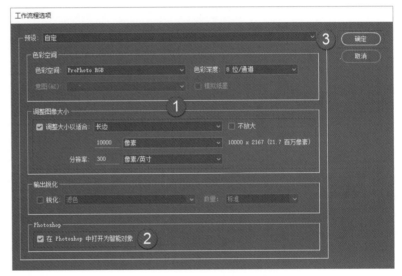

图 4-53

图 4-54

Step 17 调整完成后，在"图层"面板中某个图层的空白处单击鼠标右键，弹出快捷菜单，选择"拼合图像"命令，如图4-55所示，将图像拼合为一个图层。在菜单栏中选择"滤镜"|"Camera Raw 滤镜"命令，如图4-56所示，这样可以将照片再次载入ACR中。

图 4-55

图 4-56

Step 18 在ACR界面中再次对照片整体的影调、色彩等进行全方位的优化，可以将照片整体调整到一个比较理想的状态，如图4-57所示。

图 4-57

Step 19 在输出照片之前，打开"细节"面板，在其中对照片整体进行锐化及降噪处理，然后单击"确定"按钮，如图4-58所示，返回Photoshop主界面。

图 4-58

Step 20 在保存照片之前，在菜单栏中选择"编辑"|"转换为配置文件"命令，打开"转换为配置文件"对话框，将"目标空间"选项组中的"配置文件"转换为 sRGB 的色彩空间。

因为在 ACR 中处理照片时，采用的是 ProPhoto RGB 的色彩空间，如果不进行色彩空间的转换直接保存，那么保存的 JPEG 照片采用的也是 ProPhoto RGB 的色彩空间，这在计算机上浏览或上传到网络中时会出现色彩失真的问题，因此应重新转换色彩空间。注意，在 Photoshop 中转换色彩空间时，是通过选择"编辑"|"转换为配置文件"菜单命令进行的。单击"确定"按钮就完成了对照片色彩空间的转换，如图 4-59 所示。最后，将照片保存即可。

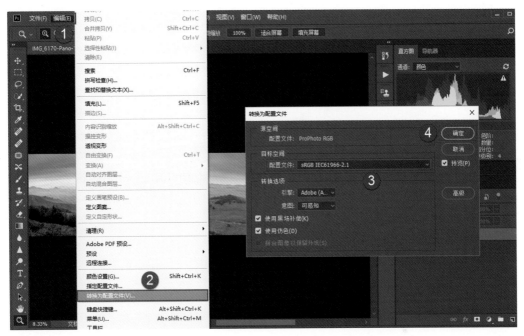

图 4-59

> **≫ 总结**
>
> 我们不仅可以制作双层全景拼贴效果，还可以制作三层全景拼贴效果。当然，进行三层照片拼贴，对于计算机计算能力的要求会更高，性能较弱的计算机在进行合成操作时可能会出现卡死的问题。此外，随着计算机软件性能的逐渐提高，还可以先对不同的素材进行HDR完美影调处理，再对多个处理后的HDR素材进行全景合成，这样最终合成的全景不但视角更大，影调也是完美的。

4.3　HDR 的制作

人眼具有很大的宽容度和自我调节能力，即使在强光的高反差环境中也能够看清亮处与暗处的细节。相机则不同，即使是最高端的数码单反相机，也无法同时兼顾高反差场景中亮处与暗处的细节。HDR（High-Dynamic Range）就是针对这一现象产生的，意为高动态光照渲染，具体到摄影领域，HDR是指通过技术手段让画面获得极大的动态范围，将所拍摄画面的高亮和暗部细节都更好地显示出来。

针对高反差场景，获得 HDR 照片效果的方法有许多种，下面进行详细介绍。

直接拍摄出 HDR 效果的照片

针对高反差的拍摄场景，当前许多新型的中高端数码单反相机都内置了 HDR 功能，使用该功能拍摄时，可以通过数码处理补偿明暗差，拍摄具有高动态范围的照片。以佳能 EOS 5D Mark III 为例，开启 HDR 功能拍摄照片时可以在相机内自动合成曝光不足、标准曝光、曝光过度的 3 张图像，获得高光无溢出和暗部不缺少细节的图像。

设 HDR 功能可以控制高反差画面。其中，曝光不足的照片用于显示高亮部位的细节，标准曝光用于显示正常亮度的部位，曝光过度的照片用于显示暗部细节。最终这 3 张照片会被自动拼合为一张照片（JPEG 格式），这样照片就能够同时很好地显示亮部和暗部细节了。

在相机内设置 HDR 对明暗反差大的场景比较有效，在拍摄低对比度（阴天等）的场景时也能够强化阴影，最终得到戏剧性的视觉效果。通常情况下，

在相机内开启 HDR 功能时，可以将不同照片间的曝光差值自动设为 +1EV、+2EV 或 +3EV。例如，设置为 +3EV 时，照片会对 −3EV、0EV、+3EV 的 3 张照片进行 HDR 合成，+3EV 的照片基本上能够确保获得足够多的暗部细节。

与在菜单内开启 HDR 功能不同，有些新型的入门级单反相机直接内置了 HDR 曝光模式。在面对逆光等场景时，可以选择该模式直接拍摄，获得大动态范围的照片效果。以佳能 EOS 650D 为例，其模式拨盘上有 HDR 模式，设置该模式后，按下快门后相机就像高速连拍一样曝光 3 次，最终直接合成一张高动态范围照片，追回高光和阴影部分丢失的细节。在拍摄期间，摄影者要注意握稳相机，不要大幅度抖动，否则在最终图像中可能无法正确对齐。高反差场景中使用 HDR 逆光模式拍摄，能够得到的大动态范围效果还是不错的，如图 4-60 所示。

图 4-60

在 ACR 中制作 HDR 效果

下面介绍 HDR 效果的制作。

如图 4-61 到图 4-63 所示是利用包围曝光拍摄的 3 张素材照片，而图 4-64 所示则是进行 HDR 合成后的画面效果，可以看到景物明暗更加合理，暗部与亮部都呈现出了更多的细节层次。

图 4-61

图 4-62

图 4-63

图 4-64

Step 01 将以同一视角、不同曝光值拍摄的多张素材全部选中并拖入 Photoshop，它们会被自动载入 ACR，如图 4-65 所示。

图 4-65

Step 02 不用对照片进行任何处理，全选左侧胶片窗格中的素材，单击鼠标右键，在弹出的快捷菜单中选择"合并到 HDR"命令，如图 4-66 所示，这样软件就会自动对 3 张不同的照片进行 HDR 合成，此时软件界面中间会出现合成进度条，如图 4-67 所示。

图 4-66

图 4-67

Step 03 经过一段时间，合成完毕，弹出"HDR 合并预览"对话框，如图 4-68 所示。

在"HDR 合并预览"对话框中，选中"对齐图像"和"自动色调"复选框，如图 4-69 所示。"对齐色调"是指对齐 3 张不同的素材，避免产生景物的错位。而"自动色调"是利用 ACR 进行 HDR 自动合成的非常好的功能，是指让软件进行智能的后期处理，得到非常漂亮的画面效果，在 Photoshop 主界面进行 HDR 合成是没有这一功能的。

如果照片中存在移动的对象，例如正在奔跑的人物、正在飞翔的鸟儿等，如果运动对象形体较大，那么就应该在"消除重影"下拉列表中设置相应的级别，运动速度越快，设置的级别应越高。对于静态的风光照片来说，可以设置关闭"消除重影"功能。本例因为前景被风吹动，一直在抖动，因此根据实际情况，设置"消除重影"为"中"。至于"显示叠加"复选框，一旦选中，那么照片中会显示软件对重影部分的消除效果，这对实际照片是没有影响的，只是显示了调整的区域，如图 4-70 所示。

图 4-68

图 4-69

图 4-70

所以一般来说，不应该选中"显示叠加"复选框，取消选中此复选框后，可以看到前景不再显示消除重影的效果了，如图 4-71 所示。

图 4-71

Step 04 单击"合并"按钮，如图 4-72 所示，弹出"合并结果"对话框，在其中设置"文件名"，保持默认的"保存类型"，然后单击"保存"按钮，将合并后的 DNG 原始格式的文件保存即可，如图 4-73 所示。

图 4-72

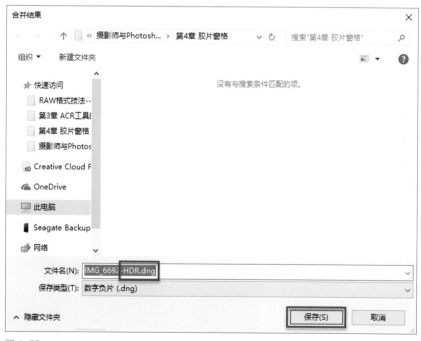

图 4-73

Step 05 保存文件后，合并后的文件依然会作为一个单独的 DNG 文件保存在左侧的胶片窗格中。虽然此时软件已经对合成效果进行了自动优化，如图 4-74 所示，但此时依然可以对照片整体进行轻微调整。

图 4-74

当软件进行自动优化时，并没有进行镜头校正，因此可以切换到"镜头校正"面板，选中"删除色差"和"启用配置文件校正"复选框，对照片的暗角及几何畸变等进行一定程度的调整，如图 4-75 所示。

图 4-75

选中"删除色差"复选框后，放大照片，可以看到在一些背光高反差的边缘线条位置，消除彩边的效果非常明显，如图 4-76 所示。

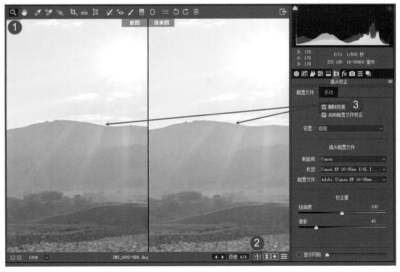

图 4-76

Step 06 返回"基本"面板，再对照片的影调及色调进行微调，如图 4-77 所示。

Step 07 在输出照片之前，切换到"细节"面板，对照片进行锐化及降噪处理，如图 4-78 所示。

Step 08 在"锐化"选项组中，最后一项为"蒙版"，该参数用于限定锐化的区域。"蒙版"值越高，对于大片平面区域的锐化就会越低，且只锐化明暗相间的边缘线条。要查看锐化的位置，只要按住键盘上的 Alt 键拖动滑块即可。此时画面中的黑色区域为不锐化的区域，白色为锐化的区域，如图 4-79 所示。最后，单击"存储图像"按钮，将照片保存即可。

图 4-77

图 4-78

>> 总结

从整体看，全景接片与HDR色调这两个功能的处理过程相似度很高，都需要在ACR左侧的胶片窗格中全选照片，然后选择不同的菜单命令进行操作，之后都会产生一个单独的DNG格式的原始数据文件。将文件保存后，对合成后的效果进行微调，再将照片存储为JPG格式即可。

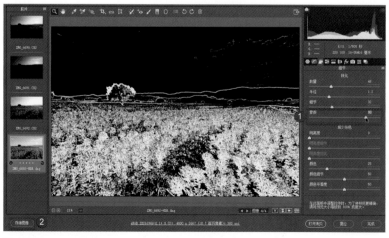

图 4-79